兵器と防衛技術シリーズ⑥

火器弾薬技術のすべて

防衛技術ジャーナル編集部　編

はじめに

防衛技術選書（第6巻）「火器弾薬技術のすべて」刊行にあたって

　防衛庁は，平成19年1月防衛省に移行しました。また，従来は付随的任務であった国際平和協力活動などが本来任務化されました。この結果，防衛政策に関する企画立案機能の強化，緊急事態対処の体制の充実・強化および国際社会の平和と安定に主体的・積極的に取り組むための体制の整備が可能となり，安全保障や危機管理の問題に関して防衛省・自衛隊の的確な対処に期待が高まっています。

　防衛省・自衛隊が，日本の安全を守り，世界の平和と安定に貢献して行く上で，弾道ミサイル防衛に係る技術，情報通信技術，火器・弾薬技術など数多くの技術が欠かせないことから，防衛技術協会では，防衛に必要とされる基礎的な技術について，協会が発行する月刊誌「防衛技術ジャーナル」に基礎技術講座などを掲載し，防衛関連の仕事に従事している研究者，技術者，運用者などの利用に供するとともに，防衛技術に興味を持たれる一般読者にも理解を深めて頂くための努力を払って参りました。

　特に，最近の「安全・安心」や防衛に対する関心の高まりなどを踏まえ，多くの皆様に防衛技術を理解して頂けるよう，「防衛技術ジャーナル」に掲載して参りました基礎技術講座などを分野毎に再編集し，全6巻の「防衛技術選書」として刊行することと致しました。2005年10月に第1巻「航空機技術のすべて」，2006年4月に第2巻「防衛用ITのすべて」，2006年10月に第3巻「ミサイル技術のすべて」，2007年4月に第4巻「海上防衛技術のすべて」及び別冊の「海上防衛技術のすべて─艦艇設計編─」，更に，2007年10月に第5巻「陸上防衛技術のすべて」を刊行し，好評を得て参りました。

　今回，防衛技術選書第6巻として刊行しました「火器弾薬技術のすべ

て」は，1995年11月号から1996年11月号の「防衛技術ジャーナル」誌上で基礎技術講座"火器・弾薬技術"として連載したものに，必要な修正などを加えたものです。シリーズ完結編となる本書が既刊の防衛技術選書同様，多くの読者の皆様にご愛読頂けることを衷心より祈念するものです。

　最後に，本書の執筆，編集及び監修に当たられた多くの皆様，特に，本書の刊行に快く同意頂いた執筆者に厚く御礼を申し上げます。

2008年2月

㈶防衛技術協会　会長

青山　謹也

目　次

はじめに

第 1 章　火器・弾薬システムの概要 ………………………………1
1．火器・弾薬の主な種類………………………………………………2
2．火器・弾薬システムの特性…………………………………………3
　2.1　拳銃および同弾薬 ………………………………………………3
　2.2　小銃および同弾薬 ………………………………………………3
　2.3　機関銃および機関砲 ……………………………………………5
　2.4　てき弾およびてき弾発射機 ……………………………………6
　2.5　迫撃砲および同弾薬 ……………………………………………7
　2.6　野戦砲および同弾薬 ……………………………………………8
　2.7　戦車砲および同弾薬 ……………………………………………12
　2.8　ロケット弾システム ……………………………………………14
3．新方式火器・弾薬……………………………………………………15
　3.1　液体発射薬砲システム …………………………………………15
　3.2　電磁砲 ……………………………………………………………16
　3.3　電磁弾 ……………………………………………………………17

第 2 章　砲内弾道（その現象と計測およびシミュレーション）……19
1．砲内弾道の定義と砲内弾道現象……………………………………20
　1.1　火器の性能 ………………………………………………………20
　1.2　砲内弾道の定義 …………………………………………………20
　1.3　砲内弾道現象 ……………………………………………………21
　1.4　砲内での圧力 ……………………………………………………24

iii

2．砲内弾道現象の計測 …………………………………………26
　2.1　砲内弾道特性の計測 …………………………………26
3．砲内弾道数値シミュレーション ……………………………30
　3.1　砲内弾道計算の適用場面 ……………………………31
　3.2　砲内弾道プログラム開発の歴史 ……………………32
　3.3　数値砲内弾道計算の概要 ……………………………33

第3章　砲内弾道（高初速化および高発射速度化） ………35

1．火器の性能 …………………………………………………36
　1.1　火器の運用場面と要求される性能 …………………36
2．火器の高性能化 ……………………………………………37
　2.1　高初速化 ………………………………………………37
　2.2　高発射速度化 …………………………………………46

第4章　砲内弾道（ガンエロージョン） ……………………53

1．ガンエロージョンの特性 …………………………………54
2．エロージョンの原因 ………………………………………56
　2.1　原因と発生状況 ………………………………………56
　2.2　その他のエロージョン現象 …………………………57
　2.3　複合エロージョン ……………………………………58
3．ガンエロージョン発生のメカニズム ……………………59
　3.1　熱エロージョン説 ……………………………………59
　3.2　化学エロージョン説 …………………………………61
　3.3　熱・化学反応エロージョン説 ………………………62
4．シミュレーション試験法と測定例 ………………………63
　4.1　シミュレーション試験法 ……………………………63
　4.2　エロージョン測定例 …………………………………64
　4.3　エロージョン試験成果の応用 ………………………65

5．ガンエロージョンの低減化 …………………………………66
　5.1　砲身内温度の低減 ………………………………………66
　5.2　砲身と弾丸のガスシール性の向上 ……………………67
　5.3　発射薬の低エロージョン化 ……………………………67

第5章　過渡弾道 …………………………………………………69
1．過渡弾道の定義と過渡弾道現象 ………………………………70
　1.1　過渡弾道とは ……………………………………………70
　1.2　砲内段階 …………………………………………………72
　1.3　空力段階 …………………………………………………73
　1.4　装弾筒離脱段階 …………………………………………78
2．過渡弾道計測およびシミュレーション ………………………78
　2.1　計測およびシミュレーションの状況 …………………78
　2.2　跳起角 ……………………………………………………79
　2.3　砲身振動 …………………………………………………79
　2.4　砲口爆風 …………………………………………………79
　2.5　弾丸砲口離脱直後 ………………………………………80
　2.6　弾丸衝撃波突破 …………………………………………81
　2.7　装弾筒離脱 ………………………………………………82

第6章　砲外弾道（飛しょう体の運動） ………………………83
1．砲外弾道の概要 …………………………………………………84
　1.1　砲外弾道の定義 …………………………………………84
　1.2　目的 ………………………………………………………84
　1.3　歴史 ………………………………………………………84
　1.4　砲弾の砲外弾道の特徴 …………………………………85
　1.5　弾道要素の名称 …………………………………………86
　1.6　初速，射角，初期離軸角（砲外弾道の初期条件） ……87

2．空気抵抗 ……………………………………………………89
    2.1　真空弾道 …………………………………………………89
    2.2　空気抵抗のある弾道 ……………………………………90
    2.3　空気抗力に及ぼす因子 …………………………………92
    2.4　圧力中心と空気抵抗 ……………………………………96
  3．マグナスの力 ………………………………………………98
  4．弾軸の運動 …………………………………………………99
    4.1　歳差運動 …………………………………………………99
    4.2　安定性 ……………………………………………………101
  5．計測技術 ……………………………………………………103
    5.1　初速測定装置 ……………………………………………103
    5.2　弾丸の姿勢計測 …………………………………………103
    5.3　空力諸係数の計測 ………………………………………103
    5.4　計算流体力学（CFD）…………………………………104

第7章　終末弾道（化学エネルギー弾）……………………105
  1．終末弾道の概要 ……………………………………………106
    1.1　終末弾道とは ……………………………………………106
    1.2　化学エネルギー弾の重要性 ……………………………106
  2．化学エネルギー弾の生い立ち ……………………………107
    2.1　ヒットラーからの贈物 …………………………………107
    2.2　死亡事故とEFP弾頭 ……………………………………108
  3．化学エネルギー弾とは ……………………………………109
    3.1　化学エネルギー弾の定義 ………………………………109
    3.2　成形炸薬弾頭の定義 ……………………………………109
    3.3　EFP弾頭の定義 …………………………………………110
  4．化学エネルギー弾を取り巻く現況 ………………………111
    4.1　脅威である複合装甲・反応装甲の出現 ………………111

4.2　注目されるトップアタック（上面攻撃） ……………………111
　5．成形炸薬弾頭の基本特性………………………………………112
　　5.1　起爆から装甲貫徹の概要 ………………………………112
　　5.2　基本的諸特性 ……………………………………………113
　　5.3　成形炸薬弾頭の研究 ……………………………………117
　　5.4　設計上の制約事項・留意事項 …………………………119
　6．EFP 弾頭の特性 ………………………………………………121
　　6.1　行程の概要・重要事項 …………………………………121
　　6.2　基本的諸特性 ……………………………………………121
　　6.3　EFP 弾頭の研究 …………………………………………123
　　6.4　設計上の制約事項・留意事項 …………………………123
　7．ライナ崩壊の数値シミュレーション………………………124
　　7.1　数値シミュレーションの誕生 …………………………124
　　7.2　数値シミュレーションの利点 …………………………124
　　7.3　今後の数値シミュレーション …………………………125

第 8 章　終末弾道（徹甲弾） ……………………………………127
　1．徹甲弾とは………………………………………………………128
　2．徹甲弾の概要……………………………………………………128
　　2.1　徹甲弾（AP 弾，Armor Piercing） ……………………130
　　2.2　被帽徹甲弾（APC 弾，Capped Armor Piercing） ………130
　　2.3　高速徹甲弾（HVAP 弾，Hyper Velocity Armor Piercing）
　　　　 ………………………………………………………………130
　　2.4　装弾筒付徹甲弾（APDS 弾，Armor Piercing Discarding
　　　　 Sabot） ………………………………………………………132
　　2.5　装弾筒付翼安定徹甲弾（APFSDS 弾，Armor Piercing Fin
　　　　 Stabilized Discarding Sabot） ………………………………133
　3．APFSDS 弾の構造・機能 ……………………………………133

3.1　構造 ……………………………………………………133
　　3.2　機能 ……………………………………………………134
　4．侵徹・貫徹現象……………………………………………137
　　4.1　厚板侵徹過程・侵徹モデル …………………………139
　　4.2　侵徹計算 ………………………………………………145
　5．徹甲弾の将来………………………………………………147

第9章　終末弾道（りゅう弾） ……………………………149
　1．破片効果の概要……………………………………………150
　　1.1　破片の生成 ……………………………………………150
　　1.2　破片の散飛角 …………………………………………152
　　1.3　破片の速度 ……………………………………………154
　　1.4　破片の大きさと数量 …………………………………161
　　1.5　破片の効力 ……………………………………………163
　2．破片効果とリーサルエリア………………………………165
　　2.1　撃破目標物に命中する破片の数 ……………………165
　　2.2　リーサルエリア ………………………………………166
　　2.3　実用のリーサルエリア ………………………………167
　3．数値シミュレーション……………………………………169
　　3.1　りゅう弾の設計に伴う数値シミュレーション ……169
　　3.2　終末効果の評価に伴う数値シミュレーション ……170
　　3.3　その他の数値シミュレーション ……………………170

第10章　信管 …………………………………………………171
　1．信管とは……………………………………………………172
　2．信管に必要な機能…………………………………………173
　3．信管の種類…………………………………………………174
　　3.1　着発信管 ………………………………………………174

3.2　時限信管 …………………………………………………175
　3.3　近接信管 …………………………………………………175
　3.4　その他（複合信管，指令信管）………………………177
　3.5　将来の技術動向 …………………………………………178
 4．信管の安全性……………………………………………………179
　4.1　安全性の特質 ……………………………………………179
　4.2　信管設計の安全基準 ……………………………………180
 5．信管の信頼性……………………………………………………184
　5.1　信頼性の特質 ……………………………………………184
　5.2　信頼度と信頼水準 ………………………………………185
 6．信管の作動タイミング…………………………………………187
　6.1　破壊力の効果的発揮 ……………………………………187
　6.2　遅延時間の決定法 ………………………………………187
　6.3　各モードの実例と将来展望 ……………………………189
 7．信管の難しさとシステムエンジニア…………………………192

第11章　弾薬類の IM 化 ……………………………………195
 1．IM 化とは ………………………………………………………196
 2．IM 化のニーズの歴史的背景 …………………………………197
　2.1　戦車戦の IM 化 …………………………………………197
　2.2　海戦の IM 化 ……………………………………………198
　2.3　爆発事故の IM 化 ………………………………………199
 3．IM 化のコスト …………………………………………………201
 4．IM 化の評価試験項目，反応形態，合格基準 ………………202
 5．IM 化に必要な技術と研究開発の経緯 ………………………204
　5.1　爆薬の LOVA 化 …………………………………………204
　5.2　発射薬の LOVA 化 ………………………………………207
 6．IM 化の将来 ……………………………………………………212

第12章　非定常運動 ……………………………………………………213
 1．非定常運動について…………………………………………214
 2．火器・弾薬におけるシミュレーションの役割………………214
 3．非定常ガス流と非定常運動のシミュレーション方法…………215
 4．砲内弾道への適用……………………………………………217
 5．過渡弾道への適用……………………………………………219
 6．砲外弾道への適用……………………………………………221
 7．砲弾構成要素への適用………………………………………222
　 7.1　子弾放出 ………………………………………………222
　 7.2　サイド・スラスター ……………………………………223
　 7.3　開翼溝 …………………………………………………223

＜参考文献＞ ……………………………………………………………225

第 1 章

火器・弾薬システムの概要

1. 火器・弾薬の主な種類

　武器の機能に画期的な変化をもたらしたものは火薬の発明である。火薬を使用した武器は1300年頃初めて出現したと言われている。火器とは本来火薬のエネルギーを利用して弾丸を発射する武器であるが，近年電気エネルギーを利用して弾丸を発射するものも出現しつつある。また，弾薬とは弾丸およびそれを射出する発射薬，さく薬，地雷，爆弾，ミサイルおよびロケット用弾頭などを言う。

　火器は銃と砲からなる。口径（弾が発射される筒の内直径）20 mm 未満の火器を一般に銃，それ以上を砲という。火器，すなわち銃と砲，および弾薬はその使用目的により多くの種類があり，その機能，構造などによって分類の仕方が異なる。火器（銃・砲）および弾薬の主な種類を**表1－1**および**表1－2**に示す。

表1－1　火器（銃および砲）の主な種類

銃	拳銃，小銃，機関銃，てき弾銃
砲	野戦砲，高射砲，迫撃砲，機関砲，戦車砲
ミサイルおよびロケット発射機	

表1－2　弾薬の主な種類

銃　　　弾	拳銃用弾薬，小銃用弾薬，てき弾
砲　　　弾	りゅう弾（HE），成形さく薬弾（HEAT），徹甲弾（AP），装弾頭付翼安定徹甲弾（APFSDS），照明弾（ILL），発煙弾，演習弾（TP），警告信号弾
ロケット弾	りゅう弾，成形さく薬弾
ミサイル弾頭	りゅう弾，成形さく薬弾，運動エネルギー弾（HVP）
そ　の　他	爆弾，地雷，手りゅう弾，さく薬，発射薬

2．火器・弾薬システムの特性

2.1 拳銃および同弾薬

　片手で保持して照準し発射する銃を拳銃という。型式としては箱型弾倉を有し，半自動で発射できるいわゆるピストルと，回転式弾倉を有し，引き金を引くと発射し弾倉が回転し次弾を装填するリボルバがある。軍用拳銃としては，米国の口径45（11.4 mm）M1911A型が有名であり，自衛隊も長い間これを装備していた。用途は主に指揮官および砲手などの自衛用である。従来の拳銃は重量が約1 kgで片手撃ち銃としては重く感じられたが，最近，わが国を含む世界各国が採用している拳銃は口径が9 mmで重量が約900 gに軽量化されている。初速は350 m/s前後であり，片手撃ち銃であることから標的に正確に命中させるには訓練が必要で，有効射程は普通の兵士の場合15〜20 mと言われる。

　拳銃用および小銃用弾薬は実砲（発射薬を入れた薬莢と弾丸が一体化された弾）と呼ばれ，弾丸の運動エネルギーで標的を破壊する。

2.2 小銃および同弾薬

　小銃は歩兵にとって基本的な個人携帯火器であり，ライフル銃とも呼ばれる。通常300 m以上離れた標的に正確に命中し，人員を殺傷できる能力を持つ。小銃の歴史は古く13世紀末には「ハンドカノン」として実用化されていた。わが国では種子島の火縄銃まで遡る。小銃用弾薬は，鋼および鉛を銅で覆った普通弾が一般に使用されており，発射後，安定して直進飛翔をさせるため高速スピンが必要となる（拳銃も同じ）。銃身の内面には施線（ライフル）が切られており，弾丸は銃身内を通過中にスピン回転が加えられる。

　現在使用されている各国の小銃はほとんどが自動小銃（引き金を引くと弾が連続して発射される銃）であるが，この自動小銃の歴史は新しく，第2次世界大戦中にドイツで開発された6.62 mm（口径，以下同じ）突撃銃に始まる。旧

ソ連は，この突撃銃のコンセプトをいち早く採り入れ，7.62 mm×39実包（弾薬の長さが39 mm）を使用するAK-47カラシニコフ自動小銃を1950年代初頭に制式化した。この小銃は，命中精度はあまりよくないが，泥にまみれてもすぐに使用できるほど頑丈に作られており，整備性も良いことからゲリラ戦に向いていると言われている。多くの東側諸国に採用され，ベストセラーの１つになっている。その後小銃の小口径化に呼応し，ソ連は5.45 mm×39実包を使用するAK-74自動小銃を開発し，自国軍および東欧諸国軍に装備させるとともに，ソ連軍のアフガニスタン侵攻にも使用した。オウム真理教が密造モデルにしたのもこの銃である。

　西側諸国における小銃の自動化は旧ソ連より若干遅れて，1952（昭和27）年に7.62 mm×55実包を使用するM14がNATO軍に採用された。以後，各国でも7.62 mm自動小銃が開発され装備された。わが国の64式小銃もこのカテゴリーに属する。米国ではM14ライフルは故障が多く，比較的短命に終わったが，それでも138万丁以上が生産されている。米国では，操用性の向上を目的として小銃の小型軽量化を図り，ベトナム戦争に使用した。この小銃が5.56 mm×45実包を使用するM16自動小銃で，現在NATO軍にも採用されている。銃身長さは508 mm，重量は3.18 kgで，これまでの口径7.62 mm自動小銃に比べそれぞれ約10％，約30％小型軽量化されているが，弾丸の威力はほとんど変わらないものとみられる。

　図１－１に小銃用弾薬の外形を示す。ソ連のAK-74用弾丸はスリムな形状をしており飛翔抵抗が小さくなるように設計されているが，その最大の特徴は弾丸の構造にある。弾丸内部の大部分は鉄であり，その前方に若干の鉛が詰められ，さらに頭部は空洞になっている。この構造は，人体などに当たった後，弾丸は蛇行しやすく，銃創（傷）を大きくすると考えられる（図１－

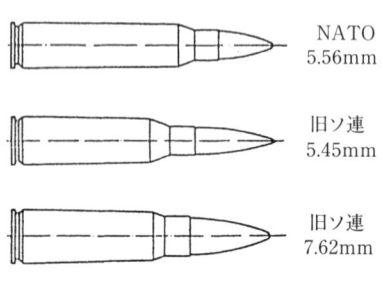

図１－１　代表的な小銃用弾薬の比較

2)。

また，ソ連はアフガニスタン侵攻において，国際条約で禁止されているダムダム弾（弾丸内部の鉛が身体中に飛散しやすくして銃創を大きくするように作られた弾）を使用しているのではないかと疑われた経緯がある。

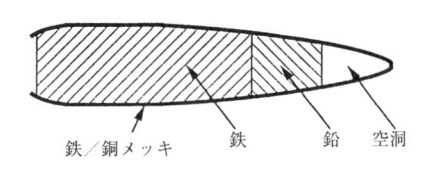

図1－2　AK-74用弾薬の構造

一方，弾丸のスピン回転数は，弾丸の命中精度に直接影響する重要なパラメータであり，その大きさは銃の種類によって千差万別であるが，通常数万RPMである。NATO軍およびわが国の口径5.56 mm小銃は，単発，3発点射，連射が可能であり，初速900～1,000 m/s，発射速度500～900発／分，弾の補給は20～30発詰められている弾倉から自動的に給弾される。

2.3　機関銃および機関砲

機関銃の歴史は古く，15世紀にはすでに使われていた。その後，米国のガトリング氏が1860（万延元）年にガトリング機関銃を開発し，南北戦争で使用して，その威力が世界的に知られることとなった。また，第1次世界大戦の西部戦線においては戦車が登場するまで，その威力を欲しいままにし，さらに第2次世界大戦においては，突撃を得意とした当時の日本軍が連合軍の機関銃によって手痛い打撃を被ったことは有名である。

機関銃および機関砲は安定した高速連続射撃ができることから，近接戦闘の主体をなす武器であり，小銃に比べ有効射程が長く，威力および連続射撃能力に優れている。口径7.62 mmの機関銃の重量は10 kg前後で持ち運びが容易であり，有効射程1.8 kmの機能をもつものもある。実用発射速度は200～250発／分であるが，機関銃の場合，連射のための機構の駆動はすべて発射薬の燃焼エネルギーにより行われる。さらに持ち運びを容易にするために，口径5.56 mmも実用化されている。最近の動向としては地域紛争の激化に呼応し，より操作が容易なミニ短機関銃の開発が多くみられる。また，機関銃の構成部品お

よび弾薬は小銃と共通化し，運用性の向上および製造コストの低減を図っている場合が多い．

機関銃より大きな弾丸威力と発射速度が必要な場合は，機関砲が用いられる．代表的な機関砲として，航空機搭載の20 mmバルカン砲および艦載の20 mm機関砲（CIWS）がある．これらの機関砲は，高速で飛翔する航空機やミサイルを遠方で撃破するため，発射速度を3000～6000発／分に上げるとともに，口径の増大により弾丸の質量を大きくしている．

発射速度の増大は1本の砲身では不可能なことから，これらの機関砲においては6本の砲身を束ね，束ねた砲身を砲軸回りで回転させることにより高い発射速度を確保し，給弾（弾を装填位置まで運ぶ動作）は作動を確実にするため弾の発射に同期した外部駆動型のモータにより行われる．

2.4 てき弾およびてき弾発射機

てき弾の原型は手りゅう弾である．手りゅう弾の投てき距離を延伸したのが小銃からてき弾を発射する小銃てき弾であり，射程のさらなる延伸と発射速度の増大を図るために開発されたのが専用タイプのてき弾発射機である．てき弾は，数百mから最大約2000 mの比較的近距離に位置する人員や軽装甲車両（装甲板の厚さが比較的薄い車両）を破片効果（弾丸内のさく薬の破裂により生成した破片が標的に損傷を与える効果）およびHEAT効果（メタルジェットにより，装甲を侵徹する効果）により撃破する兵器である．拳銃や小銃がピンポイント攻撃に用いられるのに対し，てき弾は近距離の比較的狭い領域の面制圧兵器として使用される．これ以上の射程を必要とする場合は追撃砲が使われる．

てき弾は射程が短いことから初速は200～250 m/sと遅く，また，近距離の面制圧を目的としていることから，それほど正確な命中精度は要求されない．しかし，近距離からの敵の反撃を避けるために短時間で多くの弾を敵陣地に射ち込む必要があり，高い発射速度が要求される．通常200～400発／分の発射速度を持っている．てき弾銃は車両やヘリ，小型舟艇に搭載された状態で使用さ

れるばかりでなく，地上に下ろし3脚架に設置しても使用することから，隊員が容易に積み下ろしできるように軽量化することも要求される．

てき弾はベトナム戦争において大いに発達した．これはてき弾がゲリラ戦に有効であることにほかならない．米軍はベトナム戦争の間に口径40 mmクラスのてき弾銃および同弾薬を種々開発し装備した．

2.5 迫撃砲および同弾薬

迫撃砲は数百m～10 kmの比較的近距離に位置する人員および器材などの地上目標を攻撃するために使用する砲である．この砲は砲身，底板，脚から構成され，単純な構造となっている．射撃陣地で歩兵がこれらを数分間のうちに組み立て，射撃終了後は速やかに分解して陣地移動を行う．弾薬は砲口から兵員が直接装填し，45°以上の高射角で射撃する．したがって，近距離の山岳などの裏側に隠れている敵を攻撃するのに適している．多くの国は口径81～120 mmの迫撃砲を装備している．これらの重量は81 mm迫撃砲の人力搬送型で40～50 kg，また，120 mm迫撃砲では軽量型でも120～140 kgあり，2輪架台車で移送し，架台を脚として使用している．また，車載化されたものもある．迫撃砲は戦場を迅速に移動させる必要があることから，迫撃砲の技術課題は軽量化である．米国においては，複合材やチタン合金を使用することにより，120 mm迫撃砲を81 mm迫撃砲並みの重量に軽減する計画をもっている．

迫撃砲用弾薬は，これまで通常のりゅう弾が使用されてきた．りゅう弾の構造を図1－3に示す．りゅう弾の構造は単純で，弾殻の中にはさく薬がつめられており，信管の作動によりさく薬が爆発し，弾殻が破片となって飛散する．この破片および爆風によって，軟目標（人員並びに装甲など特殊な防護措置を設けていない器材および車両などを言う）を損傷させる．

これまでの迫撃砲用弾薬は無誘導であるためピンポイント攻撃が不可能で

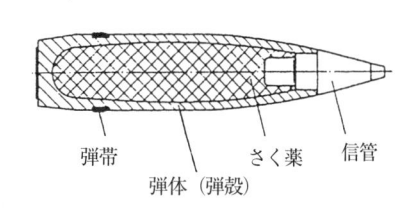

図1－3　りゅう弾の構造

あり，多くの砲弾を発射して軟目標に対する地域制圧を図ることがその任務であった。しかし，近年りゅう弾の使用形態が大きく変化しつつある。変化の第1はりゅう弾の知能化により命中精度を高め，ピンポイント攻撃を可能にするとともに，成形さく薬弾（HEAT：High Explosive Anti Tank，対戦車りゅう弾）と呼ばれる対装甲弾を使用し，戦車などの厚い装甲を貫徹することが可能となったことである。

りゅう弾の知能化とは，りゅう弾にIR（赤外線）センサやミリ波センサを装着し，着地近傍になるとこれらのセンサで標的を捜索・識別する。この信号を使ってサイドスラスターまたは制御翼を作動させ，弾道誤差の修正を行うことにより，りゅう弾の命中率を飛躍的に向上させようとするものである。また，成形さく薬弾については，さく薬の爆発によって生成されたメタルジェットによって装甲を侵徹・破壊する。このように，最近の迫撃砲弾は知能化および成形さく薬弾の使用により，射程内にある敵戦車の撃破能力を持つようになった。イタリアのストリックス砲弾やスウェーデンのマーリン砲弾などは，その最初の適用例であり，これらはすでに実用化されている。

りゅう弾の変化の第2は，多目的弾の普及である。多目的弾の構造，機能などについては野戦砲の項で述べるが，多目的弾は上記りゅう弾の破片効果および爆風効果のほかに，軽装甲を貫徹する能力を兼ね備えている。

このように，迫撃砲は知能化された多目的弾の導入により軟目標だけでなく軽装甲を施した目標をも破壊できる能力をもつこととなった。

2.6 野戦砲および同弾薬

野戦砲は，迫撃砲の射程よりさらに遠方にある標的の攻撃に用いられる。野戦砲は，加農砲およびりゅう弾砲に大別され，従来は砲身長が30口径長（口径の30倍の砲身長を意味する。以下同じ）以上を加農砲，それ未満をりゅう弾砲と区別してきた。加農砲は長射程の攻撃に使用することから砲身が長く高初速，かつ，低射角で発射される。高初速であることから砲身寿命が比較的短い。加農砲は第2次世界大戦までは30～40 cm級の大口径が多く，艦載砲や要塞砲と

して活躍した。しかし，戦後は，命中精度が劣ることから，地対地ミサイルに置き換えられ，現在，あまり多くは使用されていない。

一方，りゅう弾砲は当初迫撃砲と加農砲の中間の砲身長をもち，比較的高射角で中初速の火砲であった。しかし，その後，長砲身，長射程のりゅう弾砲が出現し，現在，加農砲との違いはほとんどない（図1－4）。現在，最も一般的に使用されているりゅう弾砲は39口径155 mm砲であり，わが国およびNATO軍などに使用されているが，その最大射程は通常弾を使用して約24 kmである。

戦場において敵の射程外から攻撃できることは戦術上最大の利点であり，近年，りゅう弾砲の射程の延伸が重要な技術課題となっている。湾岸戦争において連合国軍はイラク軍の所在位置を知りながら，イラク軍の砲の射程が連合国軍のものより長かったことから，暫くの間進撃できなかったと言われる。

砲の側から射程延伸を図るには弾の初速を上げることが必要である。初速を増大するには薬室（発射薬を燃焼させる砲身内の部屋）容積を大きくして発射薬量を増加し，かつ，弾の加速時間を長くするため砲身長を長くすることが不可欠となる。このため，わが国を始め世界各国は，新型のりゅう弾砲の開発を急いでおり，砲身長は現用の約6 m（39口径）から約8 m（52口径）と長くなる計画である。一方，弾の側からの射程延伸は，近年ベースブリード弾と呼ばれる弾を用いて行われている。この弾は，弾尾に火薬を付加し，飛翔中にこれを燃焼させて弾尾に作用する空気抵抗（弾底抗力）を減ずることにより射程を

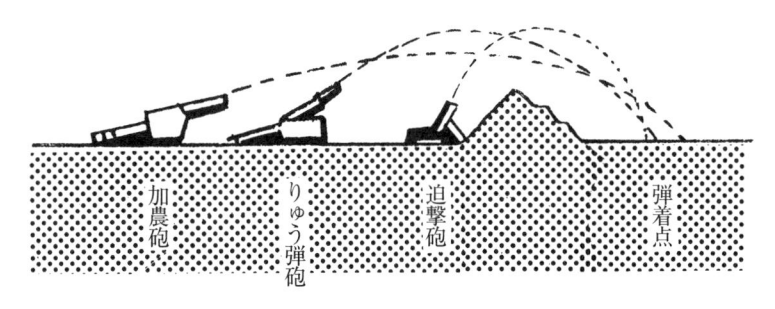

図1－4　加農砲，りゅう弾砲，迫撃砲の弾道

延伸する。わが国もベースブリード弾の開発により FH70 のりゅう弾の射程を約 6 km 延伸することに成功している。欧米諸国は，砲身長の増大およびベースブリード弾の採用により，最大射程を40〜50 km まで延伸することを目指して開発を急いでいる。

現用のりゅう弾砲は20〜30 km 離れた敵軍団の攻撃に用いられることから，砲弾の弾着バラツキは約150 m に及ぶ。これまでのりゅう弾は爆風効果と破片効果を利用し軟目標の破壊を目的としたもので，弾着バラツキを逆に利用し多くの弾を射撃して広い範囲の地域制圧を図ろうとするものである。

しかし，このりゅう弾砲用弾薬の分野にも新技術が採用されるようになってきた。その一つは知能砲弾の開発である。知能砲弾は現在種々のタイプが開発完了またはその途上にある。米陸軍の SADARM (Sense and Destroy Armor Munition) の例を図 1 − 5 に示す。このタイプの砲弾は，通常 2〜3 個の子弾を内蔵しており，りゅう弾砲から発射された後，目標近傍の上空で子弾を放出する。個々の子弾は，それぞれ攻撃目標を検知・識別する機能をもっており，目標を発見すると瞬時に EFP (Explosively Formed Penetrator：爆発成形侵徹弾) と呼ばれる弾を 2 km/s 以上の速度で射出し，戦車などを上面から攻撃

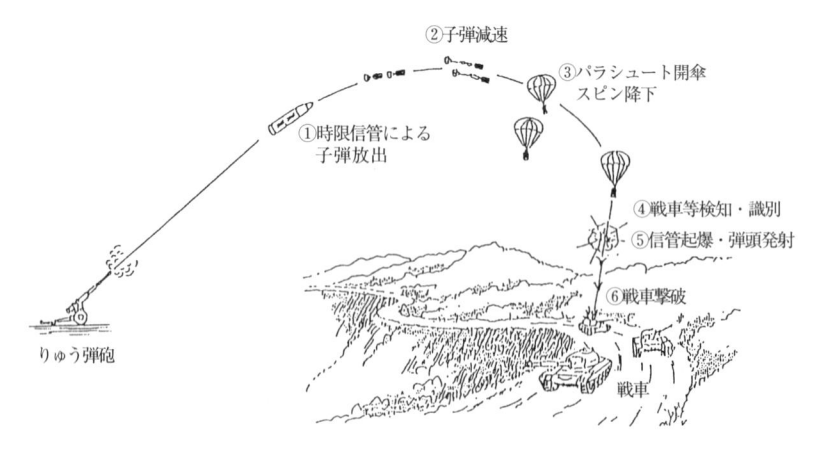

図 1 − 5　米陸軍の SADARM の運用構想図

火器・弾薬システムの概要

破壊する。戦車の上面装甲は正面装甲に比べ板厚が薄く、脆弱であることから効果的な攻撃破壊が可能である。

このほか、迫撃砲の知能弾薬と同じように、りゅう弾砲から発射された後、空中を飛翔中に攻撃目標を捜索し、自己の弾道誤差を修正して目標を攻撃する自律型誘導砲弾が研究されている。いずれのタイプも野戦砲の最大の欠点である弾着バラツキをなくし、砲弾の命中率を大幅に向上させるとともに、必要な弾数を極度に減らし兵站要員の大幅な省力化、さらに戦車などの硬目標の破壊を可能とすることから、砲弾の中で重要な地位を占めつつある。

野戦砲用りゅう弾における技術革新の2つ目は多目的弾（ICM：Improved Conventional Munition）の開発である。1発の多目的弾（この場合、親弾と呼ぶ）には複数の子弾が内蔵されている。多目的弾の構造を図1－6に示す。

野戦砲用多目的弾は、迫撃砲の多目的弾と同様にHEAT効果および破片効果で、軟目標および軽装甲車両（比較的薄い装甲を装備した車両）などを同時に攻撃できる。155 mm多目的弾の場合、1発の親弾には通常、直径40 mm前後の子弾が63～88発内蔵されている。子弾は敵上空で親弾から放出され、地上に均等に散布される。各子弾は標的に接触するかまたは着地するとさく薬が爆破し、弾殻は破片となって飛散し軟目標に損傷を与える。一方、ライナと呼ばれる金属は後述の成形さく薬弾と同じ作動原理でメタルジェットとなり、これが敵車両の装甲などを同時に侵徹・破壊する。

メタルジェットの侵徹威力は弾の大きさに依存することから、径が小さい

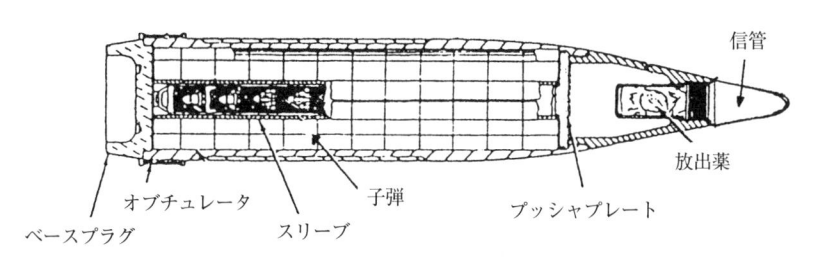

図1－6　ICM親弾の構造

ICM 子弾の侵徹威力は戦車砲用成形さく薬弾などに比べ小さいが，それでも均質圧延防弾鋼 RHA（NATO 軍が使用している標準防弾鋼板）に対し最大70 mm 程度であると言われている。このように本来のりゅう弾の機能のほかに，装甲の侵徹機能を有する弾を多目的弾と言う。1発の親弾で通常1万m^2以上の面制圧が可能である。子弾は，ロケットによっても運搬可能であり，これについては後述する。

2.7 戦車砲および同弾薬

戦車砲は敵戦車および堅固な点目標の攻撃に使用される火砲であるが，このうち最も重要な任務は敵戦車の厚い正面装甲を撃破することにある。このため，戦車砲は運動エネルギーで目標を撃破する徹甲弾の使用を主眼に開発されてきた。したがって，弾の初速を上げるため戦車砲の腔圧（弾を発射するための砲身内の圧力）は他の砲に比べ高い。現用主力戦車砲の口径は105 mm，120 mm，125 mm（旧ソ連）などであり，砲身長は50口径長以上のものが多い。当然のことながら口径および口径長の増大に伴いその威力も増大する。

砲身には施線砲身（ライフル）と滑腔砲身とがある。小銃の項で述べたように，施線砲身は砲身の内面に螺旋状の溝が切ってあり，砲弾は砲身内を前進するに従い回転運動を受けることから砲身離脱後，砲弾はスピンにより安定飛翔する。一方，滑腔砲身の内面は滑らかな円筒形であり，砲弾は回転運動なしで射出される。従って，滑腔砲身から発射される砲弾は飛翔時の安定を図るため弾尾に安定翼を付けており，この形状の弾は翼安定弾と呼ばれる。

戦車砲用弾薬には徹甲弾と成形さく薬弾がある。いずれの弾薬も敵戦車の厚い装甲の貫徹を主目的としている弾である。戦車砲用徹甲弾の弾心は高密度が要求されることから，タングステン合金または劣化ウランでできている。米国で使用されている劣化ウラン弾は，タングステン弾より優れた侵徹威力を有すると言われているが，低レベルとは言え放射性物質であることから製造工程および射撃後の放射能汚染が問題となっている。

徹甲弾の侵徹威力を向上させるには，弾の材質の適正な選定のほか，弾着時

の運動エネルギーの増大および細長い弾の形状が効果的である。弾の形状を細長くすると飛翔中のスピン安定が不可能となることから，最近の戦車砲用徹甲弾は安定翼をもった装弾筒付翼安定徹甲弾（APFSDS：Armor Piercing Fin Stabilized Discarding Sabot）が通常使われる。また，砲身内では徹甲弾の弾心の周りにサボと呼ばれる円筒状の軽量な部品が取り付けられており，受圧面積を大きくすることによって弾心の加速度を増大させ，高初速を達成している。弾が砲身の外に出ると，サボと弾心は分離し弾心のみが目標に向かって飛翔する。この状況を図1－7に示す。

　このような技術の積み重ねにより，近年，均質圧延防弾鋼RHAに対し最大900mm程度の侵徹力をもつ装弾筒付翼安定徹甲弾も出現している。

　一方，戦車砲用成形さく薬弾は内蔵するさく薬の爆発エネルギーを利用して目標を侵徹・撃破するもので，徹甲弾が運動エネルギー弾と呼ばれるのに対し，成形さく薬弾は化学エネルギー弾とも言われる。この弾は防弾鋼単板に対し徹甲弾より高い侵徹威力を有するが，反応装甲と呼ばれる特殊な装甲やセラミックスなどを含む複合装甲に対しては，一般に徹甲弾より侵徹威力が弱い。成形さく薬弾の断面を図1－8に示す。弾頭左端の起爆点から起爆されたさく薬は爆ごう波を生成し，爆ごう波は右端のライナに到達する。ライナは金属製であるが，爆ごう波による超高圧のためライナはメタルジェットとなり図1－8の

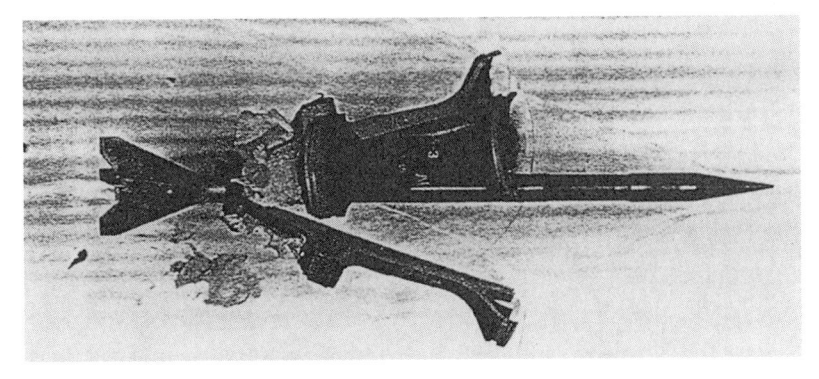

図1－7　戦車砲用徹甲弾のサボが弾心から分離した状況

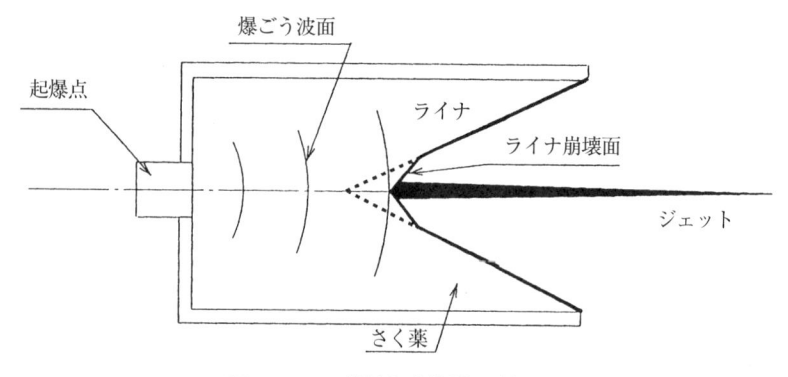

図1－8　成形さく薬弾の断面図

右側方向に射出される。その先端速度は，さく薬の爆速やライナの構造などに依存するが，4～10 km/s である。メタルジェットが敵戦車の装甲に当たると最大数百万気圧の圧力が発生し，その圧力によって装甲を侵徹・破壊する。欧米諸国の120 mm 戦車砲用成形さく薬弾の侵徹威力は600 mm 前後である。

2.8 ロケット弾システム

　ロケット弾は，弾頭部とロケットモータ部からなり，自己推進によって発射および飛翔が行われることから，火砲のように堅牢な発射装置を必要としない特長をもっている。したがって，野戦などにおいて比較的容易に使用できる。米国はベトナム戦争においては簡単な支柱を使用して発射したという。また，旧ソ連製の野戦用多連装ロケットシステムのほとんどは発射台としてトラックの荷台を使用している。

　ロケット弾の欠点は弾着精度が悪いことであり，射程が長くなるとともに弾のバラツキはさらに大きくなる。この欠点を補完した利用方式が米陸軍の多連装ロケットシステム，MLRS（Multiple Launch Rocket System）である。

　MLRS に搭載する弾頭部は現在3種類がある。その1つは多目的弾である。1台のトラックには直径227 mm の MLRS を12発搭載しており，1発の MLRS には644個の子弾（ICM 弾）が内蔵されている。1発の制圧面積は射撃

条件によって異なり，通常1.1万m²〜3万m²であることから，12発全部を発射した場合の制圧面積は膨大なものとなる。ICM弾は湾岸戦争において，イラク兵からは「鉄の雨」と呼ばれ恐れられた。しかし，走行中の戦車に対する侵徹効果を期待することはできない。

MLRSに搭載される弾頭の2つ目は対戦車地雷弾頭である。1個のロケット弾には28個の地雷が内蔵されており，これを散布する。対戦車地雷弾頭はドイツで開発され，すでに実用化されている。3つ目の弾頭部の種類は知能砲弾である。知能砲弾としては前途のりゅう弾砲で使用されるSADARM，または終末誘導子弾（目標近くに達すると，子弾は親弾から分離し，目標を捜索・識別し，自ら弾道修正して正確に目標に命中する誘導砲弾）が使用される予定である。

このようにMLRSは射弾散布が大きいというロケット弾の短所をカバーした利用法が採られている。米陸軍のMLRSの最大射程は約30 kmで，破壊威力も十分大きいことから当分の間，陸上戦闘兵器として重要な位置を占めることとなろう。

現在，世界で最大の野戦用多連装ロケットシステムはロシアのSMERCHであろう。同システムは300 mm発射筒12連装であり，最大射程は約70 km，弾頭の種類は固体さく薬ばかりでなく，気体爆薬（燃料を空中に霧状に爆散させ，空気中の酸素を酸化剤として爆発させることにより，地表面の軟目標を破壊する新方式爆薬。制圧面積が広いことを特徴とする）弾頭を含む各種の弾頭を搭載できる。

3．新方式火器・弾薬

3.1 液体発射薬砲システム

固体発射薬の代わりに液体発射薬を使った砲を液体発射薬砲（LPG：Liquid Propellant Gun）と言う。LPGの研究の歴史は比較的古く，米国は1940年代

にその研究を始めていた．米国は2000年代の初期に部隊配備予定の次期野戦砲には，LPG を充てる計画がある．米国が現在研究開発中の LPG に使用する発射薬は，LP1846と呼ばれる硝酸アンモニウム系の液体で，極めて安定した化学的特性をもっている．

LPG は多くの利点をもっており，その主なものを挙げると，(ア)高初速，(イ)高発射速度，(ウ)薬莢不要，(エ)数発の同時弾着射撃可能，(オ)省力化，(カ)高抗たん性の向上，などであるが，いずれも砲にとっては重要な性能向上因子である．

将来有望視されている LPG は再生ピストン式と呼ばれる構造のものである．図1－9に再生ピストン式 LPG の燃焼器周りの断面を示す．燃焼の原理はディーゼルエンジンと同じであり，高温・高圧の雰囲気の中に液体燃料を噴射し，燃焼させる．すなわち，点火装置の作動により一旦燃焼室が高温・高圧になると，液体発射薬が燃焼室に噴射され，これが燃焼して数千気圧の高圧に達し弾が発射される．LPG は利点が多く将来砲として期待されているが，本来，化学的に安定している発射薬を高速で燃焼させる技術の確立が特に難しく，これが長い研究開発の歴史を持ちながら未だ実用化に至っていない理由である．

3.2 電磁砲

電磁砲は，1980年代初頭，レーガン米国大統領（当時）が提案した SDI 計画において，ソ連の弾道ミサイルを宇宙空間で破壊するため，本格的な研究が

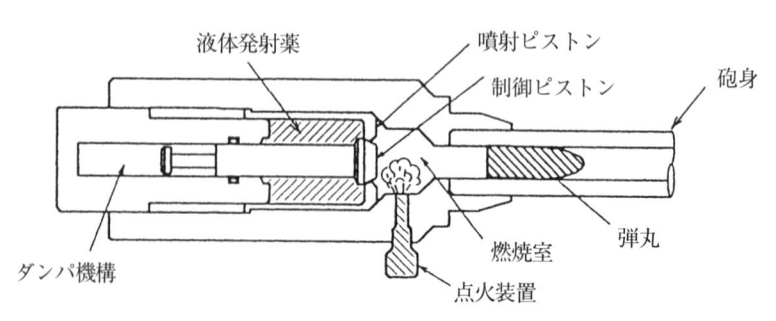

図1－9　再生ピストン式 LPG の構造

開始された．現在 SDI 計画はなくなったが，超高初速化された弾は戦術的に応用価値が高いことから，研究が続けられている．電磁砲の原理を図1−10に示す．2本のレール間に電流を流すと，フレミングの左手の法則に従い弾が発射されるという原理を利用している．

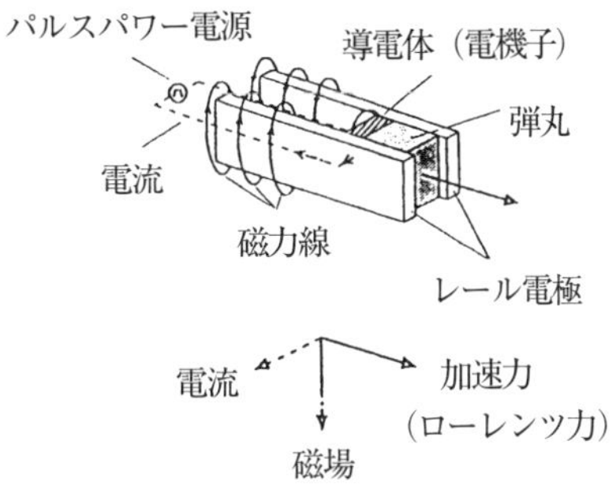

図1−10 電磁砲の原理

電磁砲の特長は，3 km/s 以上の超高速の弾を容易に発射できることにある．現用の固体発射薬砲の初速は約2 km/s が限界であることを考えると，その能力の高さが理解できよう．現在，米国では2 kg の弾を3.0 km/s で，また，わが国においても1 g の弾を4.3 km/s まで加速するのに成功している．

初速が大きい弾は，敵の攻撃に際し種々の利点をもっている．例えば，戦車砲弾の場合は侵徹威力が極度に向上するし射程も延伸できる．また，対空砲弾として使用した場合は，飛翔してくるミサイルを遥か遠方で撃破可能であり，しかも，弾が標的に到達する時間を大幅に短くすることができるため，命中率が大幅に向上する．

このように利点を多くもっている反面，技術課題も多い．レールに大電流が流れることから，レールのエロージョンが激しく砲身寿命が極度に短い．また，電源の寸法が現在の技術ではかなり大きいことなどから実用化に至っていない．

3.3 電磁弾

電磁弾は，爆薬のエネルギーを利用し，強烈な電磁パルスを放射して，敵の通信，電子機器類を破壊または誤作動させるものである．近代戦において重要な役割を果たす C³I システムやミサイルなどには，多くの電子部品が使用されているが，これらの部品は電磁パルスに対し脆弱であり，電子機器類は比較的容易に無力化することが可能である．障害を及ぼす対象物は電子機器類のみで

17

あり，兵員には全く損傷を与えないことから，非殺傷兵器として注目されている。

　図1-11に電磁弾の構造を示す。まず，電磁流体型の爆薬発動機の爆発により種電源が作られ，これを磁場圧縮型の爆薬発電機の爆薬により増幅して，アンテナから強力な電磁パルスを放射する。電磁弾の技術的課題は野戦砲から発射できる程度に小型化された装置で，強力な電磁パルスを放出できる機能をもたせることにあり，欧米諸国も競って研究開発を進めている。

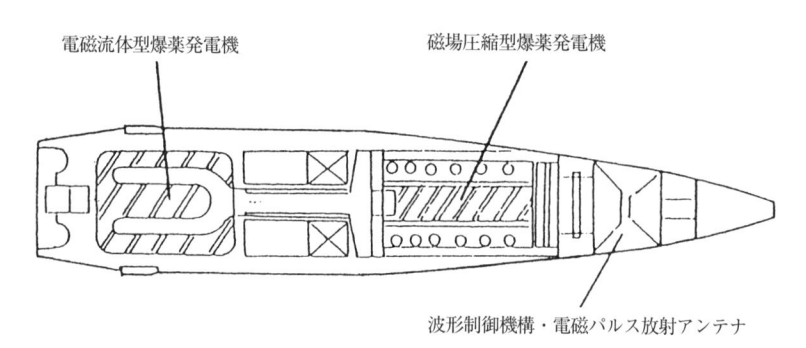

図1-11　電磁弾の構造

第2章

砲内弾道
(その現象と計測および
シミュレーション)

1. 砲内弾道の定義と砲内弾道現象

1.1 火器の性能

火器（銃および砲）には，小さな口径の小銃から，大きな口径の野戦砲まで，大小様々な種類がある。これらの火器の性能を，火器の種類ごとに示すと表2－1のようになる。この表が示すように，火器の種類によって，その性能は大きく異なっており，それぞれの設計・製造に必要な技術なども異なるが，

表2－1 火器の性能

火器		口径 (mm)	弾丸質量 銃 (g) 砲 (kg)	初速 (m/s)
銃	小銃	4.73～7.62	3～10	830～930
	機関銃	5.45～14.5	3～65	850～1000
	拳銃	5.45～11.43	2.5～15	250～320
砲	迫撃砲	51～120	0.9～15	100～450
	機関砲	20～57	0.1～6.5	800～1440
	戦車砲	90～125	3.3～5.2	1275～1830
	野戦砲	105～203	15～110	470～960
	艦載砲	76～406	5.9～1224	760～820

弾丸質量および初速は概数
戦車砲に関しては，翼安定徹甲弾のデータ
野戦砲に関しては，最大装薬時のデータ

一方，火薬を燃焼させて弾丸を砲身（銃身も含む）から発射させるという原理については火器についてすべて同じである。

1.2 砲内弾道の定義

一般に，火器やロケット弾において，弾丸が発射されてから，空中を飛しょうし，目標に達して破壊などを生じさせるまでの一連の現象を解析する学問を弾道学と呼ぶ。そのうち，弾丸が火器の砲身内を燃焼ガスなどによって推進され，砲身から飛び出すまでの過程を砲内弾道と呼ぶ。

砲内弾道では，通常以下のようなデータを，射撃開始とともに時系列的なデータとして捉える。

(1) 砲身内の弾丸の位置
(2) 砲身内圧力
(3) 燃焼ガス温度
(4) 砲身内表面温度

砲内弾道における現象は，適切なモデルの作成と数値計算シミュレーションによって解明することができ，その計算結果を用いて，新たな火器および弾薬の設計を行うことができる。そのため砲内弾道学は古くから，火器・弾薬の基本として多くの理論解析と実験により発展してきた。

特定の砲についての弾丸質量や発射薬量と初速との関係などは，火器の歴史とともに常に経験則的に取り扱われてきたと推測されるが，砲内弾道現象の数学的取扱の試みは，19世紀半ば頃から，Résal や Sarrau などによって始められた。それ以降も主として発射薬の燃焼とその燃焼ガスの運動の問題として研究が続けられている。

1.3 砲内弾道現象

火器システムにおいて，砲内弾道に関係する主要な構成品は，
(1) 砲身，砲尾環，鎖栓
(2) 弾丸（ガス緊塞のための弾帯を有する）
(3) 発射薬，雷管，火管
である。これらが図2-1のように配置されている。

砲身は，薬室（発射薬を入れる場所）と圧入斜面（薬室から施線部への移行部分：弾丸の弾帯が施線部に徐々に噛み合うようにし，装填位置でガスが弾丸の前方に漏れないようにしている）と施線部（幾本もの螺旋状の溝（ライフル）が切ってある場所：弾丸を射撃する際に，弾丸の飛しょうを安定させるために，弾丸が砲内を移動していく際に弾丸に旋動を与える）とに分けられる。ここで，砲内弾道に直接関係してくる施線部の内部の空間のことを砲腔と呼ぶ。また，弾丸の飛しょうを安定させるために翼を有する弾を射撃することがあるが，この場合には砲身にはライフルが切ってなく滑らかな砲身内面を有するために，

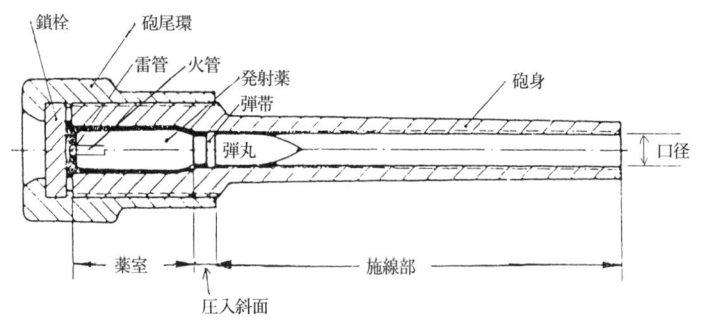

図2−1　火器システムの構成品

滑腔砲と呼ぶ。

　口径155 mm の砲というと，砲身の内直径（砲腔径）が155 mm ということである。ライフル砲身の場合には，ライフルの山と反対側の山までの直径である。

　火器における弾丸推進の原理およびこの現象（弾道サイクル：図2−2参照）を，順を追って詳しく見ていく。

1.3.1　雷管の撃発
　機械的または電気的に雷管が活性化され，火花が飛ぶ。

1.3.2　火管へ着火
　雷管からの火花により，火管が着火し，その燃焼により熱エネルギーが放出される。

1.3.3　発射薬への着火
　火管の燃焼による火炎により，発射薬が着火する。発射薬の全表面が同時に着火し，燃焼が開始することが望ましいが，実際には火管から遠く離れた場所にある発射薬は，その間に存在する発射薬のために着火が遅れたり，また，細い孔の開いた発射薬では，その孔の表面は発射薬の外表面よりも着火が遅れることがある。発射薬は，その全表面が同時に着火し，燃焼を開始することを前提に設計されているので，不均一な着火を行うと予期せぬ燃焼が行われることがある。

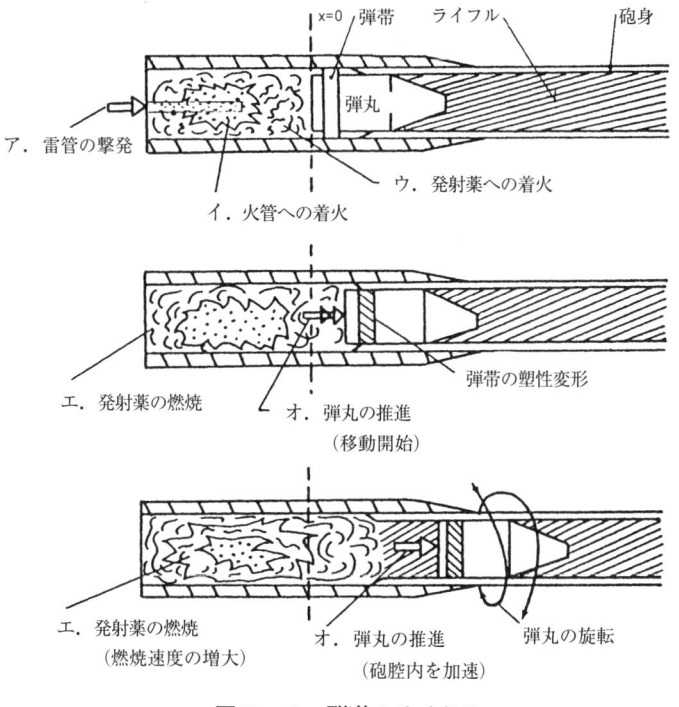

砲内弾道（その現象と計測およびシミュレーション）

図2－2 弾道のサイクル

1.3.4 発射薬の燃焼

　発射薬が燃焼を開始すると，その燃焼ガスにより薬室内の圧力が上昇する。一般に，薬室の圧力が上昇すると，発射薬の線燃焼速度（発射薬粒の表面が燃焼して，単位時間当たりに燃焼面と垂直に燃焼する距離）が大きくなる。また，発射薬の形状（例えば，球状，長管円筒状，7孔円筒状などの種類がある。図2－3参照）によって，その発射薬の質量燃焼速度（単位時間当たりに燃焼する発射薬質量）が異なる。

　また，薬室内の温度も，燃焼開始とともに上昇するが，発射薬固有の断熱火炎温度を超えることはない。

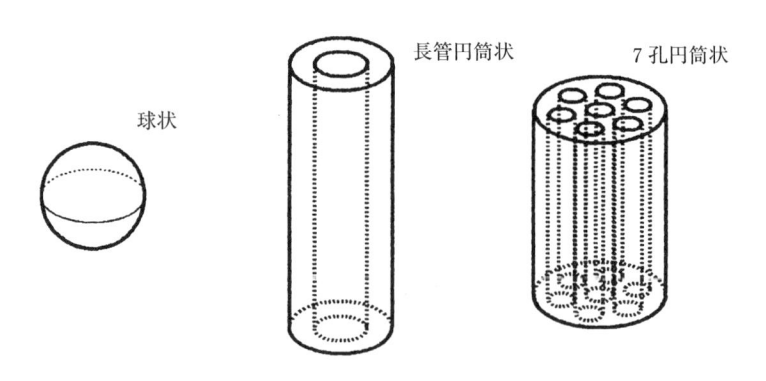

図2－3　発射薬形状の種類

1.3.5　弾丸の推進

　発射薬の燃焼が進行するにつれて，薬室内の圧力が高くなり，弾丸の起動圧（弾丸が，砲腔内を移動し始める圧力：弾帯がライフルに食い込んで塑性変形を生じる際の力などによる）を超えると，弾丸は移動を開始する。

　また，弾丸が移動を開始すると，発射薬が燃焼する空間の容積も大きくなる。そのため，弾丸の砲腔内での速度が大きくなると，発射薬の燃焼が続いているにもかかわらず，砲腔内の圧力が小さくなることもある。

1.3.6　弾丸の砲口離脱

　このようにして，弾丸が燃焼ガスによって砲腔内を加速され，砲口まで進んできて，弾帯などの燃焼ガスを緊塞する部分が砲身から出るまでを，砲内弾道の取り扱う範囲とされている。この後の段階は，過渡弾道と呼ばれている。

1.4　砲内での圧力

　砲内弾道を考える上で最も重要な物理量は，砲腔内での圧力である。それは，この圧力が弾丸を推進する力となり，また砲を破壊しようとする力にもなるからである。

　弾丸が停止しているときには，薬室内の圧力は，薬室内のどの場所でも圧力は同じであると考えても大きな問題はないが，弾丸が移動し始めると，砲腔内

砲軸線方面に沿って圧力の勾配が生じ，弾底に作用する圧力（弾底圧）は薬室の後端に作用する力（砲尾圧）よりも小さくなる。この理由は，弾丸移動時，燃焼ガスも弾丸と一緒に砲腔内を加速されて進むため，発射薬の化学エネルギーの一部が燃焼ガスの運動エネルギーとして失われ，弾底に作用するガスのエネルギーが小さくなるからである。弾底圧と砲尾圧は砲内弾道解析でよく用いられる圧力である。弾底圧は，実際に弾丸を推進する力となるので，弾丸の強度および弾丸の砲内での運動に関して重要な圧力である。また砲尾圧は，砲を後座させる力であり，通常砲内において最も高い圧力となるので，砲の設計において重要な圧力である。

砲の設計においては，砲内弾道数値シミュレーション計算（通常，砲内弾道計算と呼ばれる）を実施して，砲内の圧力分布（砲内各点での最大圧力）を求め，これらの圧力に耐えるような砲身を製造し，製造した砲身に圧力計測ポートを設けて射撃試験を実施し，その計測データから砲内弾道シミュレーションの結果の確認を行い，シミュレーションの精度を向上させていく。

砲内弾道に関して登場する用語で，圧力に関するものが多く出てくるので，それらの用語と意味を整理しておく。

1.4.1 計算腔圧

砲内弾道計算により，指定された弾丸を規定温度（21℃）の発射薬を用いて射撃し，規定の初速で弾丸が発射されるときの砲腔内の圧力。

1.4.2 計算最大腔圧（CMP）

砲内弾道計算により計算された計算圧力の最大値。

1.4.3 規定最大腔圧（RMP）

一群の指定された弾丸を，規定温度（21℃）において，指定初速で射撃したときに得られる各個弾丸の最大腔圧の平均値が超えてはならない圧力。

1.4.4 許容平均最大腔圧（PMMP）

任意の条件下で，数射群の弾丸を射撃したときに得られる各射群ごとの平均最大腔圧が超えてはならない圧力。

1.4.5 許容個別最大腔圧（PIMP）

任意の条件下で，任意の各種弾薬を射撃したときに得られる各種弾薬の最大腔圧が超えてはならない圧力。

1.4.6 抗堪圧力

砲身が，その材料の弾性限界を超えないで耐え得る最大の圧力。

これらの圧力の大小関係を，図2－4に示す。

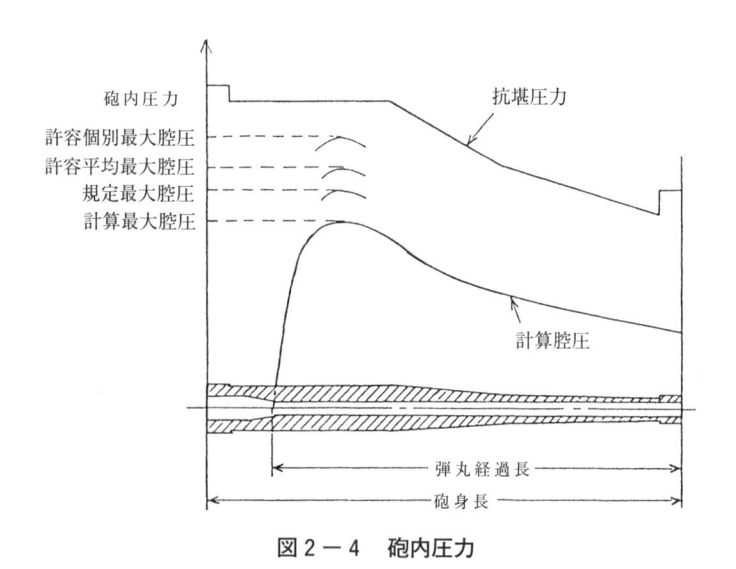

図2－4 砲内圧力

2．砲内弾道現象の計測

2.1 砲内弾道特性の計測

2.1.1 腔圧

火器の砲腔内の圧力を腔圧と呼ぶ。腔圧の測定方法には，クラッシャーゲージを用いる方法と，ピエゾ式圧力変換器を用いる方法とがある。

(1) クラッシャーゲージ

この方法は，古くから用いられてきた方法であり，現在でも，圧力測定のために特別の加工を施すことのできない砲で圧力を測定しなければならない場合には用いられている。

この測定方法の原理は，射撃の前に，薬室（薬きょうの付いている弾を射撃するときには薬きょう）の中にクラッシャーゲージ（射撃の腔圧の上昇によって，銅球もしくは銅柱が，銅製の受圧ピストンで圧縮される構造の検圧器。図2－5参照）を入れておく。射撃を実施すると，銅球もしくは銅柱が，腔圧によって塑性変形を生じるが，予め圧力と塑性変形量との相関を求めてある線図を参照することにより，変形量から，そのときの腔圧を推定することができるのである。

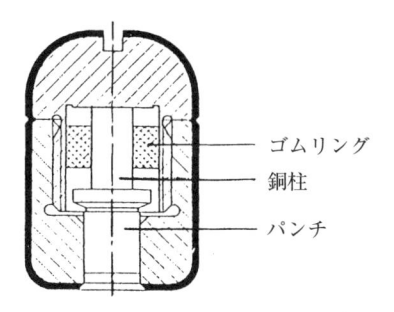

図2－5　クラッシャーゲージ
（銅柱検圧器）

この測定方法の利点は，砲に特別な加工を施すことなく，簡単に圧力が測定できることであるが，欠点として，圧力の時間的変化が分からず，最大圧力のみしか測定できないことが挙げられる。薬室が十分大きいときには2個のクラッシャーゲージを入れておき，その平均値を圧力とする。ただし塑性変形量は，圧力履歴によって同じ最大腔圧でも多少変化することがあるので，これによって測定された圧力は，絶対的な値と考えるよりも，同一条件での射撃における参考値と考えた方がよい。

(2) ピエゾ式圧力変換器

この方法は，腔圧によって，水晶片等に生じる弾性歪みを，ピエゾ圧電効果を利用して電圧に変換する方式の圧力変換器である。この方式の利点は，時間応答性が非常に速く，出力を電気信号として取り出すことができるので，圧力の時間的変化を正確に測定することができることである。欠点としては，鎖栓や薬室などに圧力変換器を取り付けるために，穴を開けるなどの加工をしなければならないということがある。そのため，研究や試験用の砲でなければ，こ

の方式で測定することはできない。

この方式では，圧力変換器を砲に埋め込んで測定を行うので，例えば鎖栓に取り付ければ砲尾圧が，砲身に取り付ければその場所の圧力変化を測定することができる。

また，歪ゲージを砲身に貼り付け，その歪量から砲腔内の圧力を推定する方法もある。この手法は，非常に安価，かつ砲身に大きな加工を施す必要がなく，時々刻々の圧力を推定することができるので，簡易的に圧力を推定するのには大きな利点である。

2.1.2 燃焼ガス温度

射撃において，発射薬が燃焼すると，砲内の温度が上昇する。実際の射撃における砲内の燃焼ガス温度を計測するのは下記の理由により，極めて困難である。

・薬室内の温度が短時間で変化する。

常温（約300 K）から断熱火炎温度（発射薬の成分によって異なるが，通常2000〜4000 K）近くまで上昇し，再び常温近くまで，数十ミリ秒の間に変化するため，応答性の高いセンサが必要である。

・砲腔内の圧力が高い。

砲腔内は，数百 MPa の高い圧力となり，かつ，高速の流れが生じているため，測定用センサには高い機械的強度が必要とされる。

・砲腔内を弾丸が通過する。

砲腔内を弾丸が通過するため，砲腔内にセンサを設置しておくことができない。そのため，直接燃焼ガスに接触する形式のセンサを使用することができない。

このように技術的な難しさがあることから，これまで射撃中の燃焼ガス温度の計測は行われてこなかった。しかし近年，非接触式の計測方法によって，燃焼温度を推定する方法が行われている。

(1) **放射型温度計（単色法）**

砲身に穴を開け，そこに放射型温度計を挿入し，燃焼光の強度によって（あ

る特定の波長の光の強度を測定する),燃焼ガス温度を推定する方法である。この方法では,砲腔中の特定のある場所ではなく,放射型温度計の受光部の視野範囲の平均的温度が測定されるものと考えられる。なお,この場合には,光の強度と燃焼ガス温度とのキャリブレーションを実施しておかなければ,絶対値的な温度は得られない。

(2) 放射型温度計(二色法)

単色光を用いる放射型温度計と同様な方法で計測するが,異なる点は,光の強度を計測する光が2つの波長であるということである。この方式では,2つの波長の光の強さの比により温度を推定する。そのため,センサの受光部の汚れなどによる光の減衰が温度測定に与える影響が小さいという利点がある。

2.1.3 弾丸位置

弾丸が砲腔内を進むときの,時々刻々の位置を計測する方法には,次のようなものがある。

(1) 歪みゲージ

砲身の数カ所に歪みゲージを張り付けておくと,弾丸がその場所を通過する時に,砲身が腔圧によって脹らみ,円周方向に伸びを生じる。その歪みによる,ゲージの出力波形から,弾丸がその場所を通過した時刻がわかる。

(2) 弾丸内加速度計

弾丸の中に加速度計を内蔵し,射撃時の加速度波形を計測し,テレメータで送信するか,内蔵のメモリをあとから回収するかによって,砲内移動中の加速度を計測する。この信号を2回積分することにより,弾丸の移動量が計算で得られる。

(3) レーダドップラ

砲口から,砲腔中を移動している弾丸頭部に数十GHzの電波を照射し,反射してくる電波のドップラ周波数を計測することによって,弾丸の砲腔内での移動速度を計測することができる。この方式の概念図を図2-6に示す。

2.1.4 砲身内表面温度

砲身内表面温度を計測することは,砲身内面のエロージョンの問題や,クッ

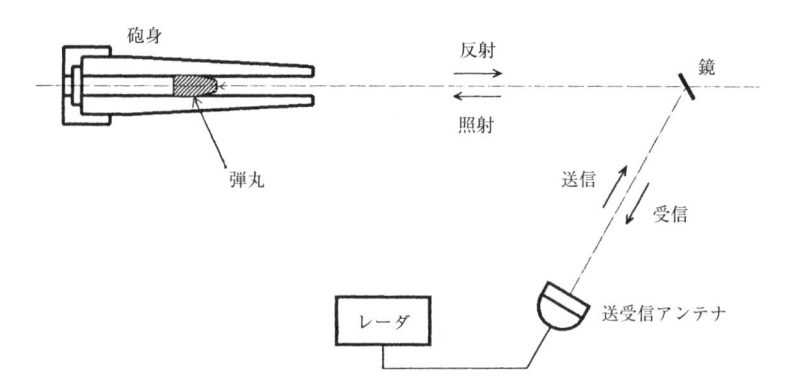

図2－6　レーダドップラ方式による砲腔内弾丸測定方法

クオフに対する問題を考える上で重要なことであるが，射撃中の温度を計測することは容易ではない。なぜならば，砲腔内は弾丸が通過するので，熱電対や抵抗体が表面に露出していると，弾丸との接触によりセンサが破損してしまうからである。また，射撃直後に温度を計測しようとしても，弾丸が砲口を飛び出した後では急激に温度が下がってしまい，表面の最高温度は計測できない。そのため，内表面温度の計測では，次のような手法が用いられている。

　まず，砲身の同一断面に数本の孔を開ける。この孔は砲身内面まで貫通するのではなく，砲身内表面から数 mm の深さまでとし，それぞれの孔は異なった深さとする。この孔に熱容量の小さい熱電対を差し込み，孔の底と接触させる。この状態で射撃を実施すると，それぞれの熱電対からは，異なった温度変化の波形が出力される。この温度と，砲身内表面からの距離のデータから，砲身内表面での温度を推定することができる。

3．砲内弾道数値シミュレーション

　これまで述べてきたように，砲身と弾丸と発射薬があれば，弾丸は砲口から発射されることが期待される。しかし，それを目標に命中させるためには，ま

た砲身や弾丸が破損しないようにするためには，多くの技術が必要とされる。その中でも，どれだけの初速で弾丸が発射されるかがわからなければ，目標へ命中させることは不可能であろう。そこで，必要とされる技術が砲内弾道数値シミュレーション技術である。

3.1 砲内弾道計算の適用場面

　砲内弾道計算には，二つの性格がある。一つは，運用する者にとってこれから射撃する弾丸の初速はどれほどであろうかという問いに答えるものであり，もう一つは，火器および弾薬を設計する者にとって，それぞれの諸元をどのように決定すればよいかに対して，データを提供することである。

　前者の場合には，既に存在している砲および弾丸に対しての予測であるので，事前の射撃試験の繰り返しによって，ある程度の予測を行うことができる。例えば，発射薬温度が高い場合や低い場合の射撃試験を実施して，それに応ずる初速データを得ていれば，発射薬温度による初速の影響を予測することができるのである。

　それに対して後者の場合は，何も物がない状態で，机上で火器・弾薬システムを考えていくので，非常に大変な作業となる。数値シミュレーションプログラムの入力諸元として，火器・弾薬および発射薬のデータをいろいろと変えながら，所望の結果が得られるようにそれぞれの組み合わせを変えていくのである。

　ここでは，戦車砲の砲身の弾丸経過長を決めることを例にとって説明する。発射する弾丸は既存のものとする。

　(1) まず運用者から，使用する弾丸の種類と，要求される射程とその時の存速（その距離における弾丸の速度）が与えられる。これから，砲外弾道計算により，必要とされる初速が求められる。

　(2) ここで，砲内弾道計算を実施するのであるが，発射薬の種類や，質量，薬室の容積などを，運用上の常識的範囲の中で，いろいろと組み合わせて，必要とされる速度を達成できる弾丸経過長を求めるための計算を実施する。

(3) これらの砲内弾道計算の結果として，それぞれの組み合わせに対して，所要の弾丸経過長や最大腔圧が計算される。

(4) これらの結果から，計算最大腔圧が弾丸の規定最大腔圧以下であることや，砲口での弾底圧力が大き過ぎないことや，システム的な砲身長の制限から，いくつかの現実的組み合わせが得られる。

(5) これらの諸元に対して，技術的可能性の検討を行い，可能な組み合わせを絞り，何度かのフィードバックの後に，弾丸経過長が決定されるのである。

これは，戦車砲の例であり，通常発射薬量が1種類しかないので検討が比較的容易であるが，野戦砲の場合には発射薬量が数種類あり，その数種類で数kmから数十kmの射程をすべてカバーしなければならないので，システム検討には非常に多くの労力を必要とする。

3.2 砲内弾道プログラム開発の歴史

1.3で述べてきた現象を，3.1のような目的を持って予測するために，砲内弾道数値シミュレーションプログラムが必要となる。

18世紀頃から，砲内弾道を予測する学問が発展してきたようであるが，当時は，火器の口径や砲身長並びに弾丸質量や発射薬量などが異なる数多くの試験データをもとに，半ば実験式的な公式を作り，それを用いて，砲内弾道を予測し，火器や弾薬の設計が行われてきた。理論的なモデルの試みもされてはきたが，それを計算する計算機技術や，そのモデルを確認する計測技術の発達していなかった当時としては，実験式の考案が最も現実的であったと考えられる。

第2次世界大戦後，特に電子計算機が発展しだしてから，砲内弾道計算技術は飛躍的に進歩した。この砲内弾道計算技術を終始リードしてきたのは，米陸軍研究所（ARL）である。ここは，1990年代までBRL（米陸軍弾道研究所）と呼ばれ，世界で初めての電子計算機であるENIACを，ペンシルバニア大学と共同で開発した機関である。

BRLでは，1960年代初頭から，現在でも実用的価値のある，集中パラメータモデルによるシミュレーションプログラムを作成している。このモデルは，

ガンシステムの評価や，パラメトリックスタディおよび発射薬の最適化を行うのに適したモデルである。1970年代には，一次元二相流モデルや擬似的二次元モデルを開発した。これは，発射薬の幾何学的形状や火炎伝播の経路にある薬のうの存在や，圧力波の形成などの影響を見積もるのに適したモデルである。また，1980年代中期からはナビエ・ストークス式を用いたシミュレーションプログラムを開発し，境界層や乱流の効果や砲身への熱伝達などの解析に適用しているようである。

このいずれのシミュレーションプログラムにも共通して言えることは，精度のよいプログラムほど物性値などの詳細なデータを必要とすることにある。砲内弾道の計算が対象としているものは，数百MPaにおいて毎秒千数百mの速度で乱流運動を行う燃焼ガスであり，狭い砲腔内を飛び回る燃焼中の発射薬粒である。このような物性値は，一般には用いられておらず，新しい発射薬を開発する場合などでは独自にこれらのデータ取得をしなければならないので，物性値などに関する基礎的研究も不可欠である。

3.3 数値砲内弾道計算の概要

砲内弾道計算の集中パラメータモデルでは，砲内での現象をすべて具体的な力学的（熱力学，流体力学を含む）関係式で結び付けられるものに単純化している。そしてこれらの連立微分方程式を初期値型問題として，時間で積分することによって砲内弾道特性値を計算しようとするものである。その計算を繰り返すことによって，弾丸が砲口から発射されるまでの現象がシミュレーションされるのである。

以下に，これらの関係の主要な概念を示す。

3.3.1 系内におけるエネルギーの収支

系内においては，発射薬の燃焼によって生じるエネルギー（Q）と，燃焼ガスの内部エネルギー（U）と弾丸に与える外部仕事（W）および各種のエネルギー損失（E）との和が釣り合っている。

Wは，弾丸の並進運動エネルギーと考えればよく，Eには，砲身への熱エ

ネルギー伝達や，燃焼ガス自身の運動エネルギーなどが含まれる。ライフル砲における弾丸の回転エネルギーは，無視し得るほどに小さな量である。

3.3.2 燃焼ガスの状態

燃焼している場所の平均的圧力は，その場所の容積と温度と生じた燃焼ガスのモル数が与えられると，状態方程式から得られる。ただし，砲内弾道計算では圧力が高いために，実在気体としての取り扱いをしなければならない。また，温度によって燃焼ガスの平衡定数が異なるため，モル数は変化する。

なお，砲腔内を弾丸が前進している時には，砲腔内のガスは薬室から弾底に向かって流れる。そのため，砲尾圧が高く，弾底圧は低い状態になり，上で求めた圧力は薬室と砲腔内での圧力の平均ということになる。

3.3.3 発射薬の着火および燃焼

発射薬の質量燃焼速度は，その表面積と線燃焼速度との積に密度を乗じた値として得られる。ただし線燃焼速度は，その雰囲気の圧力が増加すると指数関数的に増加する特性を有している。

発射薬の表面積は，その設計された形状によって，時間とともに変化する様子が異なる。例えば，長管円筒状では，燃焼中ほとんど表面積は変化しないが，7孔円筒状では燃焼とともに表面積が増加し，ある時点から急激に減少する。

3.3.4 弾丸の運動

弾丸を推進させる力は，弾底に作用する力であり，燃焼ガスの圧力による。一方，この推進力に抵抗する力は，弾丸の慣性力と，弾丸と砲身との摩擦力などの阻害抗力と呼ばれる力である。この力が釣り合っていると考えて，弾丸質量を与えることにより，弾丸に作用する加速度が計算され，その積分で弾丸の速度が得られるのである。

これらの，お互いに関連し合った値を，釣り合いの誤差が許容値以下になるまで，何度も繰り返し計算を行って解を得るのである。そのため，砲内弾道現象においては発射薬の寸法などの諸元を変化させたときの最大腔圧や初速の変化を，計算することなく予測することは困難である。

第 3 章

砲内弾道
(高初速化および高発射速度化)

1. 火器の性能

1.1 火器の運用場面と要求される性能

武器としての火器が運用される場面は多種多様であり，それに応じた性能が要求される。人が携帯する火器，航空機に搭載する火器などで要求される性能も大きく異ってくる。それでも火器の設計時に要求される基本的な特性は，下記のように考えることができる。

(1) **威力**

いやしくも武器である以上，相手に相当レベル以上のダメージを与えなければ徒労に終わってしまう。威力がまず要求される。

(2) **命中精度**

幾ら威力があろうと，目標にかすりもしないようでは，迎撃を繰り返しても意味がない。当たって初めて威力が発揮できるため，命中精度が要求される。

(3) **発射速度**

1575（天正3）年の長篠の合戦で信長の軍勢は，甲斐，信濃，上野の兵1万5千からなる武田軍団に対し，3千挺の鉄砲と3交替による一斉射撃で，見事に圧倒的勝利を収めている。いくら鉄砲の威力が竹槍に対して優れていようとも，次弾発射までの時間間隔が長くなってしまっては，雪崩来る竹槍を持った足軽にすらやられてしまうことになる。従って発射速度（単位時間内に発射しうる弾数（発／分））が大きいことが重要である。

(4) **射程**

射程（弾丸の届く距離）が敵の竹槍の長さよりも短ければ，素晴らしく威力のある『種子島』をもっていても，竹槍を持った雑兵にすらやられてしまう。

やはり，敵の武器が届かない位置から迎撃できること，すなわち，射程が長いことが大切である。

そのほか，耐久性，信頼性，整備性なども火器の性能上考慮しなければならない事項である。

上記の性能のうち，(1)と(2)を実現するために有効な高初速化と(3)の高発射速度化について，以下に詳しく記載する。

2．火器の高性能化

2.1 高初速化

ハイテクにより，より強固な装甲で，より高速でやってくるミサイル，戦車などを迎え撃つ火器としては，格段の性能の向上が必要である。それが防衛用火器であれば，攻撃用火器よりも特段の性能が要求されるはずである。

まず，弾丸の威力は，弾丸の持つエネルギーに依存する。目標に当たり弾丸のもつ運動エネルギーで侵徹破壊する運動エネルギー弾では，弾丸の持つエネルギーは弾丸の質量と速度の二乗に比例するため，衝突時に有する弾丸のもつ速度（着速）が最も重要になってくる。このため，弾丸が火器を出たときの速度（初速）を増大することが重要となってくる。また，初速の増大は射程の延伸にもなり，さらに攻撃目標への到達時間の短縮ともなるため命中精度の向上ともなる。従って，弾丸の初速の向上が火砲の性能にとっては最も大きな目標の一つであるといっても過言ではない。事実，戦車などの装甲性能の向上にともない，火砲の性能向上の要求も一段と強くなってきており，固体発射薬を利用した従来型の戦車砲でも高初速化が進行している。しかし，固体発射薬を利用する限り，実用的な砲の初速は秒速二千数百メートル前後が限界であるともいわれている。このため諸外国で，新発射技術利用砲として液体発射薬砲や，電力を弾丸の推進に利用する電磁砲や電子熱化学砲などの研究にも力を注いでいる（図3－1）。

2.1.1 固体発射薬砲

固体発射薬を用いる在来火砲においては，主に3つの面から火砲改良による初速向上を図っている（図3－2）。

(1) 大口径化　口径の増大により，薬室容積を大きくし薬量を増大するとともに，弾底にかかる推進荷重を増大することにより弾丸への力積を増大する。

(2) 長砲身化　発射薬の発生した燃焼圧力の作用時間を長くし，燃焼エネルギーをより有効に活用する。

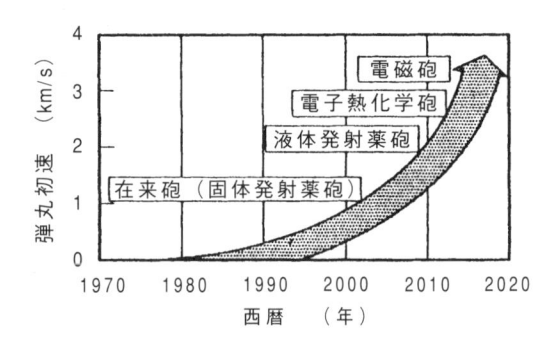

図3－1　弾丸初速向上のための火砲のトレンド

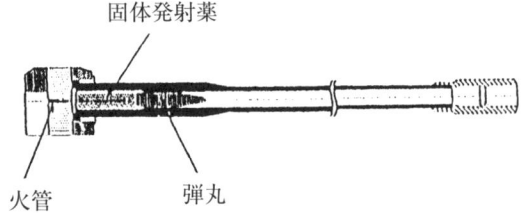

図3－2　固体発射薬砲

(3) 薬室容積増大化　発射薬量を増大し，発射薬の燃焼完了以降の断熱膨張時の力積を大きくし，弾丸に与えるエネルギーを増大する。

現在，戦車砲では2000 m/s，野戦砲では1000 m/s前後の初速に到達している。独国が開発した120 mm 滑腔（砲身内に螺旋状の溝＝ライフルが切られていない，なめらかな内表面の）戦車砲（米国 M1A1/A2 エイブラムス，独国レオパルド2などに搭載）は，最大腔圧720 MPaで，弾心質量7.2 kgの徹甲弾（運動エネルギーにより戦車などの装甲を侵徹破壊する弾丸）を初速1650 m/sで発射できる。ラインメタル社は，現在の44口径長（砲身長が口径の44倍）を55口径長に長砲身化し，初速を5〜10％程度増加することを検討中である。

仏国の主力戦車ルクレール搭載の120 mm 砲も長砲身化（ラインメタル砲より940 mm長い）により初速の向上を狙っている。

スイス陸軍 Pz87／レオパルド 2 搭載の140 mm 砲では，現用120 mm 砲の砲口エネルギー 9 MJ の 2 倍の18MJ を目標とする高威力化を狙ったもので，長砲身化，薬室容積増大などにより2000 m/s 前後の初速を目標にしている。

わが国の現在の主力戦車砲は，74式戦車搭載の105 mm 施線砲（砲腔内にライフル溝が切られている砲）および90式戦車搭載の120 mm 滑腔砲であるが，将来の高初速化のため，大口径化の研究が進められている。野戦砲については，将来野戦砲の高初速化のため，155 mm 榴弾砲 FH70の砲身の39口径長から52口径長への長砲身化と，18リットルから23リットルへの薬室容積の増大などの研究が行われている。

在来火砲の高初速化は，初速2000 m/s 前後が目標である。この場合，砲の口径は135～140 mm，砲身長は 7 ～ 8 m，薬室容積18リットル程度が必要となり，砲の大型化，砲部質量の増大，腔圧の上昇，発射反動の増大などの技術的課題が発生すると考えられ，軽量小型化のための靱性のある新高強度材料，新しい砲身設計思想の開発，低反動化のための砲口制退器・駐退復座装置などの改良・開発などが必要となる。

2.1.2 液体発射薬砲

米国では，1946（昭和21）年以来，従来の固体発射薬の代わりに液体発射薬を用いる液体発射薬砲（LPG：Liquid Propellant Gun）の研究が行われている。発射薬は組成により，一液式または二液式発射薬に分けられ，燃焼室への注入の方式により一括注入方式および再生式注入方式に区分される。初期においては，ヒドラジン系2液式発射薬および一括注入方式が主流であり，1976（昭和51）年以降は，HAN（Hydroxyl Ammonium Nitrate）をベースにした一液式発射薬を使用する再生注入方式の砲の研究に力が注がれている。現在研究の主流になっている再生注入方式（図3－3）は，燃焼室内に点火器からの高温高圧ガスが噴出すると再生ピストンが後退，ノズルから発射薬が噴出され再生的に燃焼が持続する原理のものである。

液体発射薬砲による初速の増大は，火薬力が高いことによる（表3－1）。

米陸軍は，次期主力野戦砲の開発を1984（昭和59）年開始の AFAS

(Advanced Field Artillery System）計画中で推進し，2005（平成17）年から生産開始，2006（平成18）年より装備化を計画した。

液体発射薬砲の長所は，高い火薬力による長射程化，発射薬の迅速かつ無段階注入（発射薬量を連続的に変化注入）による同時弾着射撃の容易化，発射薬の使用の効率化などで，また従来発射薬のように短時間に過大な圧力を発生しないよう制御された燃焼が可能なため発生腔圧をフラット化して発射衝撃を緩和することができ，従来のような過酷な加速度を弾丸に与えることがないため，複雑な電子回路を組み込んだ知能弾薬などの発射にも適すると考えられる。

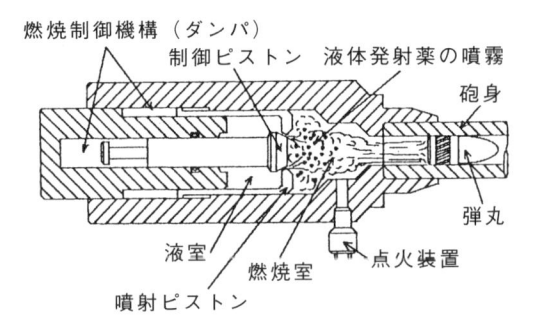

図 3 - 3　再生ピストン式液体発射薬砲の原理図

表 3 - 1　LPG と在来火砲の比較

砲	砲身長(m)	最大腔圧(MPa)	装填密度(kg/m^3)	初速(m/s)
在来砲	6.274	579	900	1,840
Ｌ Ｐ Ｇ			1,050	1,910

（砲：120 mm 砲）

短所は従来の補給システムのうち弾丸部分以外に共用性がないことである。

技術課題としては，短時間に苛酷な燃焼をさせないために燃焼温度の抑制，燃焼制御による腔圧のフラット化，注入量の変化に依存しない燃焼の安定化，同時弾着射撃において薬量を迅速に変更する機構，および不発時に残薬を安全確実に回収する装置などの開発，砲システム全体としての小型軽量化，信頼性の向上などである。

2.1.3　電磁砲

「電磁砲といえば，火薬を使わず電気エネルギーで弾丸を推進するので，"火器"の分類には入らない，との疑問も当然のことではある。ただし，弾丸を発

射して目的を達成することは火砲と変わることはない。

電磁砲の原理を図3－4に示す。パルス電流を2本のレールとこれに挟まれた弾丸に流すと磁束が発生，これと電流の相互作用により弾丸は電磁力（ローレンツ力）を受け，前方に加速される。

在来の火薬や高圧ガスによる発射方式では砲内の燃焼ガスを弾丸と同じ速度まで加速する必要があるため古くから速度限界があることが知られているが，電磁加速の場合には運動力学上の限界はないとされている。このため，1970年代までは宇宙塵の衝突実験などの分野で飛しょう体射出実験装置として使用されてきたが，1980年代に入りパルス電源の技術向上に伴い，数kgの質量まで加速できる見通しが得られ，軍事利用への応用が注目されてきており，米国，英国，仏国および独国などで広く研究されている。

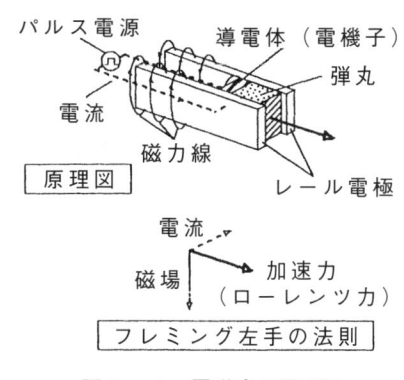

図3－4　電磁砲の原理図

これまでに実験で実証された砲口エネルギーの最大レベルのものとしては，1990（平成2）年米国のテキサス大学が90 mm径砲身を用い2.44 kgの弾丸を2577 m/sで射出した8.1MJ（戦車砲のエネルギーに匹敵）のものが知られている。

一方，実用化に至るまでの技術課題も多く，大電流によるレール電極の局所的な溶融が大きく，反復した射撃は性能の低下を招くため，高い性能の維持には単発射撃のみでレールを交換する必要があり，大きな問題とされている。

また，近年テキサス大学が80 gの弾丸を毎秒60発に相当する発射速度で2000 m/sの加速に成功している。フランスのサンルイ独仏研究所（ISL：French-German Institute of Saint-Louis）では電極の溶損低減を目的として弾丸に電磁加速のための電流を流すアマチュア（電機子）の電極との接触状態に着目した研究を行っており，構造の最適化により，20発の射撃後にもレール

に損傷が見られなかったという報告もなされている。

　耐熱性の高い新たな合金によるレール材料の開発や，大電流を放電する前にガス圧などで弾丸を加速する予備加速の方式も研究されているが，今日までに火砲の発射速度に匹敵する連続発射を可能とするような見るべき成果は公表されていない。

　もう一つの大きな課題は電源の小型軽量化である。現在の電磁砲研究に用いられている電源は，大型トラック1台分ほどあり，直ぐに戦車などに搭載できるような電源ではない。電源の小型化に関するテキサス大学の予測では，2000年までに現在のエネルギー密度は6倍まで向上されると予測しており，これが実現すると2000年代には車載化が可能なパルス電源が登場すると考えられる。

　そのほか，実用化のためには，効率の良い急速充電技術，高電圧に対する絶縁および安全性，耐久性などに優れたシステム化技術の確立も必要となる。

　欧州では各国国防省の支援のもとに仏国と独国が共同研究を実施しており，前述のサンルイ仏独研究所などを中心に，電磁砲，電子熱化学砲およびコイルガンの研究を行っている。また，蘭国も電子熱化学砲の研究などで参入する計画を持っている。

　英国では国防省が電磁砲の戦車への応用に高い関心を示しており，米国と共同出資した研究施設で口径90 mm，長さ7 mの戦車砲相当のエネルギーレベルを狙った実験に着手し，電子熱化学砲より重視して研究を進める計画といわれている。

2.1.4　電子熱化学砲

　電磁砲とは異なる形で電気エネルギーを利用する発射方式として電子熱化学砲（ETG：Electro - Thermal - Chemical Gun）がある。原理は図3－5に示すように，パルス電源からの高電圧放電により発生するプ

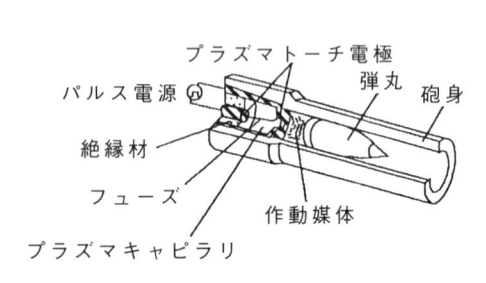

図3－5　電子熱化学砲の原理

ラズマを作動媒体と呼ばれる流体（液体あるいは気体）中に投入，発生するガスの圧力膨張により弾丸を加速する方式で，1960年代に宇宙ロケットの応用として研究されたプラズマ推進から派生した技術である。

火砲への応用は1980年代後半から開始された。当初は作動媒体として化学物質を用いない方式が主流で，電子熱砲（Electro-Thermal Gun）と呼ばれていたが，近年では化学反応を引き起こす物質を用いた電子熱化学砲（Electro-Thermal-Chemical Gun）の呼称が広く用いられている。

作動媒体に用いる物質としては当初分子量の小さな気体（軽ガス）を発生する水，メタノールなどが用いられたが，近年では化学物質の発熱作用に注目した液体発射薬や固体発射薬が用いられている。

電子熱化学砲は電磁砲ほどの高初速は期待できず，初速は 2〜3 km/s レベルと考えられているが，電磁砲に比較して投入電力も少なくてすみ，砲身部の構造も在来火砲とほぼ同じであるため，火砲としての実現性は電磁砲より早いと言われている。

米国では海軍と陸軍が研究を行っており，今日までで最も火砲に近いものとしては米海軍が試作した60 mm 径の電子熱化学砲（質量3.5 kg の砲弾を初速1000 m/s に加速する目標）がある。

近年，電磁砲や電子熱化学砲の運用面での検討も公表されてきており，米国および欧州においては，主として装甲目標に対する高速徹甲弾と航空機やミサイルなど迎撃用の対空火器への応用に焦点が絞られている。

高速徹甲弾に応用した場合，電磁砲や電子熱化学砲の実現によって得られる初速は従来の徹甲弾の着速を確実に増加させ侵徹威力を増大させるばかりでなく，有効射程をより大きくすることも可能となる。

対空火器としての有効性についても同様に，初速の向上が目標の撃破率を高めるとともに，有効射程を延ばす可能性が注目されている。試算によると，対空火器の初速1500 m/s が電磁砲または電子熱化学砲によって3000 m/s まで向上したとすると，90％の撃破率を期待する射程を現在の2000 m から3500 m まで延伸できることが示されている。すなわち，より破壊威力の増大したミサイ

ルなどをより安全な離れた距離で迎撃破壊することができることになる。運用面の検討結果では，対装甲火器，対空火器とも 2000～4000 m/s の初速の範囲で運用上の最適化を探究する傾向にあり，

表3－2　ETGと在来火砲の比較

砲	発射薬	作動流体	初速 (m/s)	供給電力 (kJ)
在来砲	JA2	－	1,945	0
ETG	－	H_2O	2,116	448
		$LiBH_4$	2,339	450

(砲：径14 mm, 200口径)

この範囲の初速の実現には電磁砲または電子熱化学砲が最有力とされている。

　電子熱化学砲で期待できる初速は電磁砲ほどではないものの，実用化が早いと言われているが，電気エネルギーの投入から作動媒体の発熱気化までの現象モデルが充分に確立されておらず，実用化への見通しも未だ明確にされていない。当面は，電子熱化学反応プロセスの精度良いモデル化を行い砲内弾道計算技術の確立，小型・軽量で急速充電が可能な電源の開発，さらに高電圧に対する絶縁および安全性，耐久性などに優れたシステム化技術の確立を狙った研究が進められるものと思われる。

　電磁砲および電子熱化学砲は米国国務省の重要技術計画および年次報告にも取り上げられており，特に電子熱化学砲は陸軍でM1戦車の120 mm砲の能力向上計画への応用を考えており，米海軍では60 mm艦載砲への応用および射程15 km以下のミサイル防御としてファランクスシステム（米海軍20 mm艦載機関砲システム，近接火器システムCIWS（Close-In Weapon System）の主流）への応用を考えている。

2.1.5　コイルガン

　電気エネルギーを利用するもう1つの火砲としてコイルガン（図3－6）がある。連続して配置したコイルの中心に磁性体もしくは良導体の弾丸を通過させ，通過時にコイル内磁束と弾丸の誘導電流で弾丸が加速される方式と，個々のコイルのスイッチング制御によりコイル内に進行磁界を作り，磁化された弾丸を誘導加速する方式がある。

コイルガンの原理は第2次大戦前から知られており，わが国でも旧軍時代に研究されていたが，パルスを連続発生させるための電源の巨大化が避けられず，研究は中止した経緯がある。近年では電源が小型化したため諸外国において研究が行われているが，電源のスイッチングなどに課題が多く，米国においても3軍の援助で研究が行われてはいるが，電磁砲および電子熱化学砲ほど具体的な計画は見られない。

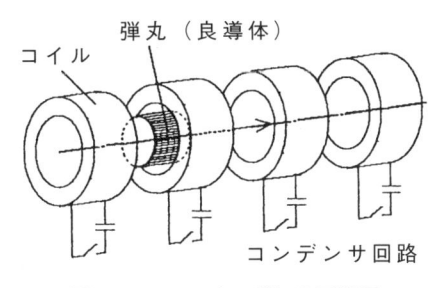

図3-6 コイルガンの原理図

2.1.6 ラム加速砲

ワシントン大学においては1983（昭和58）年以来，ラム加速装置の開発を行っている。その用途は大型化も小型化も可能で，原理的には8 km/s以上の速度で弾丸をソフトランチできる超高速加速装置である。本装置は砲腔内ラムジェットコンセプトに基づくもので，超高速ラムジェットのセンターボディのような形状の弾丸を可燃混合ガス（発射薬ガス）を加圧充填した静止砲身内で加速する方式である（図3-7）。

弾丸自体は発射薬を持たず，推進に必要なエネルギーはラム加速砲身内に蓄えられている加圧発射薬ガスにより供給される。この発射薬ガスは弾丸の移動により作用を始め，その反応熱を弾丸の周囲に及ぼす。その結果，弾丸底部にかかる圧力（弾底圧）は高くなり，連続的に弾丸を前方に推進するものである。最大圧力は常に弾丸付近にある（在来火砲では薬室，閉鎖機部である）。弾丸推進力は，ガス充填圧力とガス組成の関数であり，弾丸を穏やかに加速推進するソフトランチのための調整も比較的容易に可能である。また，ラム加速装置の空-

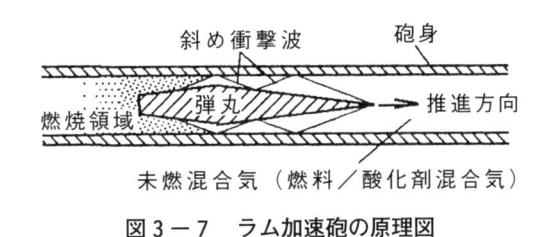

図3-7 ラム加速砲の原理図

熱力学サイクルは寸法に関係しないので，任意の口径に増減が可能である。ラム加速を始めるためには，最初に弾丸を発射薬ガスに対して相対速度をもつように約2.5 M（マッハ）に加速しなければならない。発射薬ガスは柔軟なダイヤフラムまたはほかの適した閉鎖具で砲腔内に封じ込めておく。現在，初期速度はライトガスガンまたは火薬砲によって得ている。

弾丸には砲腔内で安定に摺動するため，翼付き弾あるいはガイドレール付の砲腔となっている。

米陸軍では，1991（平成3）年にHIRAM（Hybrid In-Bore Ram Acceleration）計画を策定，7 kgの弾丸を経済的かつルーチン的に3 km/sに加速できる超高速発射システムおよび超高速終末弾道の研究のため，口径120 mm，2段式のラム加速実験装置を製作，1992（平成4）年から稼働している。米空軍でも90 mmシステムの工事が進められた。

欧州では，サンルイ独仏研究所（ISL）は口径90 mm，長さ9 mのラム加速装置を設け，1992（平成4）年3月に稼働を開始，1.6 km/sの速度を達成した。さらに3 km/s以上の速度を達成するために30 mに伸ばす改修を行った。

ラム加速装置としては，予測通りスケール則が成り立つことが確認されている。しかし，高初速の火砲としては，液体発射薬砲，電子熱化学砲，電磁砲などが諸外国でも鋭意研究開発されており，従来の固体発射薬による初期加速を必要とする本システムは，砲身構造が複雑となるばかりでなく，長い加速区間を必要とするため砲身が長くなってしまい，装備品としての可能性は極めて低いと考えられ，砲システムとして開発する計画は現在のところ見受けられない。

2.2　高発射速度化

小銃，機関銃などの主に連射して使用する火器については，発射速度は極めて重要な性能であり，ときには命中精度，弾丸初速以上に重要な要素と言っても過言ではない。以下に，発射速度を増大させるための各種方策について記述する。

2.2.1 砲口装填から銃尾装填へ

信長の時代の銃『種子島』では1発撃つたびに，火薬と弾丸を砲口から装填していた。長い銃身を手前に引き寄せ，一番奥まで火薬と弾丸を押し込まなければならず，3段構えで3交替で射撃をしなければ，戦国時代といえども，間に合わない状態であった。このため，装填方法も銃尾側から行えるように改良されてゆき，現在，猟銃，狙撃銃などでよく見かけられるボルトアクション方式が考え出された（図3－8）。

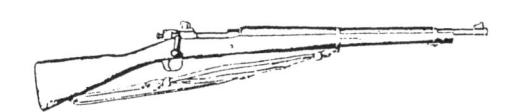

図3－8　ボルトアクション式小銃

火砲についても同様で，初期の頃の大砲では砲口から火薬と弾丸を装填していたが，現在ではほとんどすべてが砲尾から装填する後装砲となっている（図3－9）。

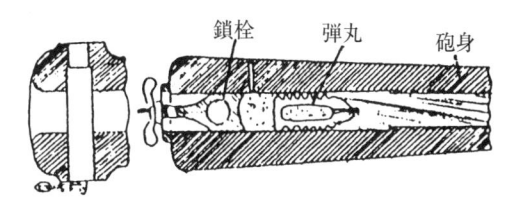

図3－9　ヴァーレンドルフ後装砲（1846年）

2.2.2 手動から自動へ

弾丸の発射から次弾の準備完了までの8つの機能，すなわち，撃発，解放，抽筒，蹴出，緩衝，送弾，装填，閉鎖の各作動行程が，引き金を引くことによって，順次行われるようにした自動機構が用いられるようになってきた。自動機構には火薬ガスエネルギーの利用方法によって，ガス利用式，吹き戻し式，反動利用式の3種類がある。

ガス利用式は，銃身に漏孔を設けて火薬ガスの一部を取り出し，このエネルギーを利用して，銃尾機関を作動させる形式である。64式小銃，M1短小銃，M16-A2自動小銃などに多用されている（図3－10）。

吹戻し式は，薬きょう底に加わる火薬ガス圧によって直接，遊底を後退させ，銃尾機関を作動させる形式である。火薬ガス圧が高く，遊底質量をあまり大き

くできない小銃では，安全上から遅延吹戻し方式が用いられている（図3－11）。

反動利用式は，発射反動によって遊底が閉鎖状態のまま，銃身と一体となって所要の距離を後座した後，銃身から分離し，殻薬きょうの蹴出，次弾の送弾など一連の銃尾機関の作動を行う形式である。後座距離が弾薬の全長を越えない短後座式は，銃身固定の銃に比べ命中精度などで不利なためあまり用いられないが，後座距離が弾薬全長を越える長後座式は，銃身が長後座中に一連射を終了するような超高発射速度の特殊構造とすれば，後座体が後座完了時に衝撃を発生する前に射弾が銃口を離脱するため，連射能力の優れた銃とすることができる。先進的小銃の代表的な例であるG11に採用例がある（図3－12）。

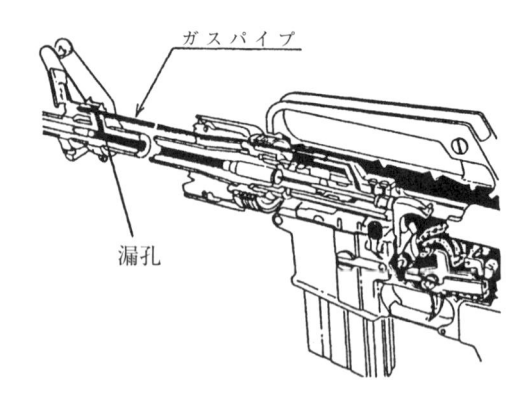

図3－10　ガス利用式（M16-A2）

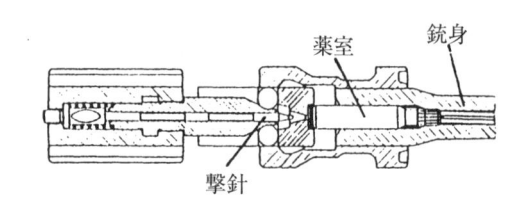

図3－11　遅延吹戻し式

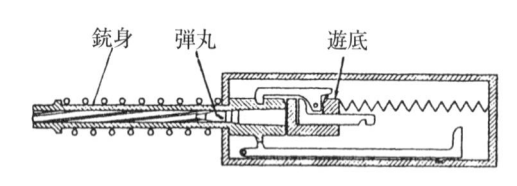

図3－12　反動利用長後座式

火砲の場合の抽筒，排弾についても，発射反動のエネルギーを利用するが，一般的火砲の弾薬は大きく重いため，送弾については外部からの電力などのエネルギーによる方式が多い。小銃などの自動化では，人員はこれ以上削減の余

砲内弾道（高初速化および高発射速度化）

地はないが，大きな火砲での送弾を自動化すれば，発射速度を大幅に向上できるほか，省人省力化にも大きく寄与できる。このため，155 mm 自走りゅう弾砲をはじめとして，大きな火砲については自動給送弾装置が重要な要素となっており，給送弾装置，装填装置など多種多様な方式が考えられている（図 3 －13）。

2.2.3 弾薬小型化

弾薬が小型化，特に全長が短縮されれば，装填，抽筒排弾のストロークが短縮できるため，発射速度が向上できることになる。弾薬短縮化の主な方法として，テレスコープ弾薬（図 3 －14）がある。これは，弾丸が薬きょうの中に入り込んでおり，弾薬全体としての全長を短縮したものである。発射時には，発射薬の中から弾丸が出てくるものである。

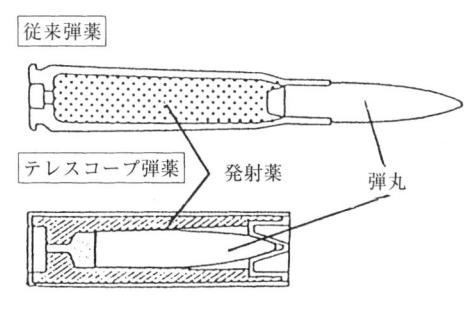

図 3 －14 従来弾薬とテレスコープ弾薬の比較

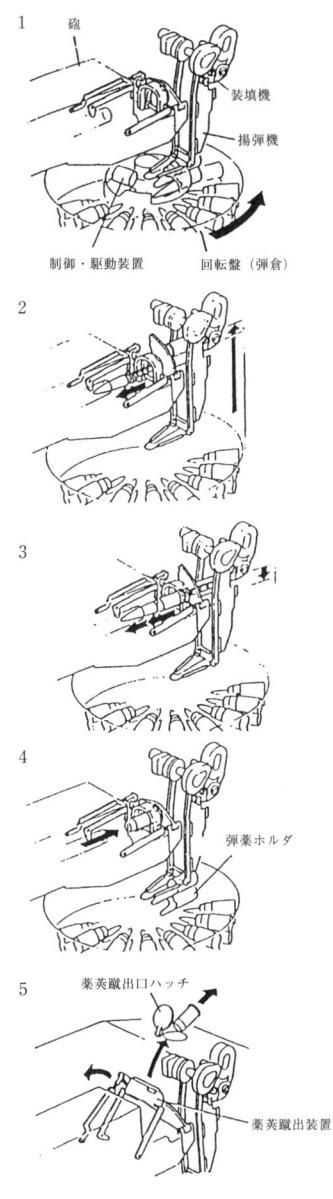

図 3 －13 自動送給弾，装填の例（回転盤式の作動図）

2.2.4 焼尽／無薬きょう化

通常の弾薬では薬きょう部分は黄銅などの金属でできているが，薬きょう部分を燃えやすいセルロースなどの材料でつくり焼尽化，あるいは，火薬をバインダーで固めるとともに焼尽雷管を使用し無薬きょう化することにより弾薬質量約50％の大幅な軽量化が可能である。この焼尽あるいは無薬きょう弾薬を用いれば，薬きょうの抽筒が不要となるため次弾準備のための時間を大幅に短縮し，発射速度を格段に向上することができる。前述したドイツH&K社の先進小銃G11（図3－15）は，無薬きょう化とテレスコープ化を行った斬新なもので，ロータリ遊底と反動利用長後座式を採用することにより発射速度2000発／分（従来の小銃では750発／分レベル）を達成している（図3－16）。

この小銃では，遊底が後座し終わるまでに第3弾目まで発射完了が可能であり，通常

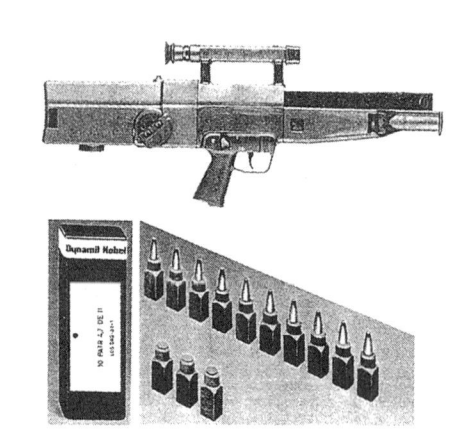

図3－15　G11とその無薬きょう弾薬

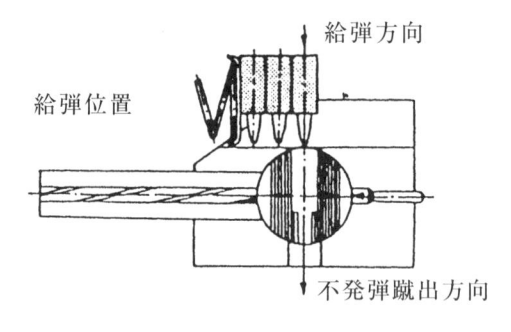

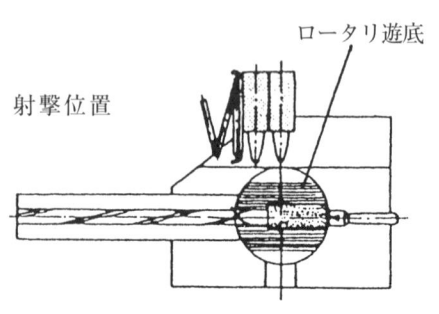

図3－16　G11の回転閉鎖機構

砲内弾道（高初速化および高発射速度化）

の全自動射撃に見られる銃口の跳起による射弾のバラツキが改善され命中精度の向上が期待できるものである（図3-17）。

焼尽薬きょうあるいは無薬きょうでは，発射薬が金属筒で保護されていないため，弾薬の強度，長期保存性，被弾時の安全性，不発弾時の抜弾処理法などが技術課題としてある。無薬きょうとしては前述のG11用弾薬が有名であるが，焼尽薬きょうとしては，155mm野戦砲用のユニチャージ発射薬などが有名である（図3-18）。

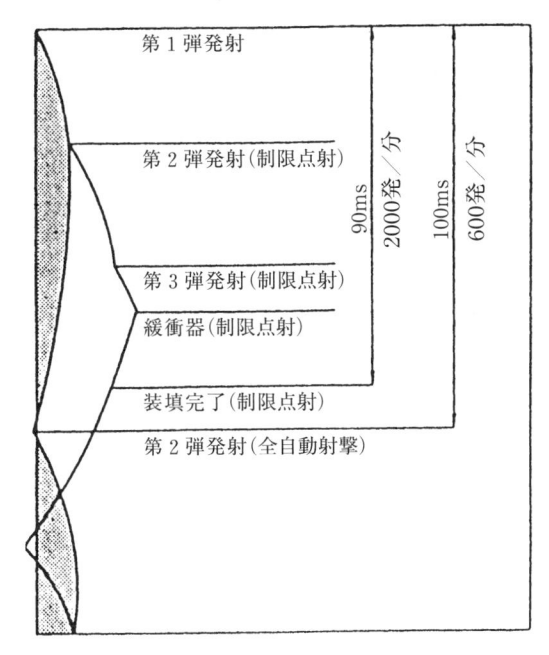

図3-17　G11の後座部の動き

2.2.5　脱固体発射薬

黒色火薬を中心とした固体発射薬を利用せず，液体発射薬などの利用は，発射速度向上につながる可能性がある。前述の液体発射薬砲では，大きなボリュームと質量を占める発射薬および薬きょうが不要となり，小型軽量な弾丸を装填するため次弾準備時間と労力が大幅に低減でき，発射速度の大幅向上が期待できる。技術課題としては，液体発射薬を短時間

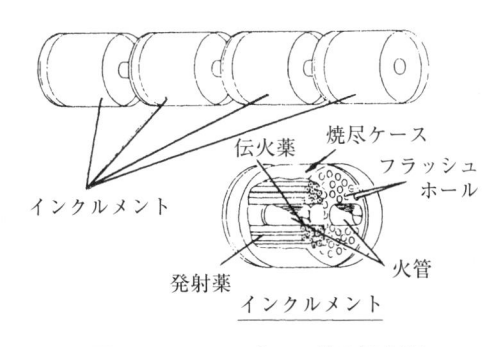

図3-18　ユニチャージの概念図

51

で注入するための注入システムの最適化，砲身内エロージョン（溶損）の低減，俯仰角射撃時の点火燃焼状態の安定化などがある。同時弾着などを狙いとした，前述の米陸軍 AFAS 計画が代表的な事例である（図 3 － 19）。

図 3 － 19　液体発射薬砲の例（米陸軍 AFAS）

第4章

砲内弾道
（ガンエロージョン）

1．ガンエロージョンの特性

　繰り返し射撃に耐えて命中精度を維持しなければならない銃砲にとって，銃砲身の耐用命数（性能および安全性を損なわずに射撃可能な回数）は宿命的な課題の一つであり，できる限り長い耐用命数を確保する努力は永遠に続くものと思われる。ロケットも銃砲と同様に火薬のエネルギーを推進に使うものであるが，作動は一回限りであり，両者の耐用命数の考え方には大きな違いがみられる。

　銃砲身の耐用命数は摩耗命数と疲労命数に分類することができ，どちらか短いほうが命数を決定することになる。摩耗命数は，砲身内口径が規定量以上に拡大したり，これに起因して弾丸の初速（砲口離脱速度）が規定値以下に低下するまでの射撃可能回数である。許容される砲身内口径の拡大率は，精密な銃砲では約2％であり，精度のあまり高くない銃砲でも8％以内と言われている。疲労命数は，砲腔表面の小さな割れが弾丸の繰り返し通過に伴う応力で深いひび割れに発展し，砲身を貫通するまでの射撃可能回数と定義されている。

　表4－1に小火器から戦車砲までの平均的な砲身命数と初速および燃焼圧力を示す。一般にエネルギーの低い発射薬を用いる小銃や，野戦砲でも訓練などで低装薬を主に射撃する砲身では，疲労寿命が耐用命数を決定する。一方，発射速度（単位時間当たりの発射弾数）の高い機関銃や機関砲および最大装薬を主に射撃する戦車砲や野戦砲では，摩耗寿命が支配的である。また，口径長（砲身のL/Dのことであるが，単に口径とも呼ばれる）が大きくなったり，砲

表4－1　小火器および火砲の平均砲身命数と初速および最大燃焼圧力

	平均砲身命数（発）	初速（m/s）	最大燃焼圧力（MPa）
小　火　器	20,000～30,000	800～1,000	2,000～3,000
迫　撃　砲	500～600	100～450	400～1,000
野　戦　砲	2,000～8,000	400～960	1,800～4,000
戦　車　砲	200～1,000	1,000～1,830	2,000～6,500

身が薄肉軽量化されると疲労寿命が短くなることに注意が必要である．摩耗は小銃などの小火器では無視でき，大口径砲で問題になるということをよく耳にするが，これは必ずしも正しいとは言えない．

最近火砲や弾薬の多様化は特にめざましく，無薬きょう弾薬やテレスコープ弾薬（弾丸の一部または全部が発射薬中に埋没している弾薬），並びにトラベリングチャージ（装薬の一部が弾丸とともに燃焼しながら砲身内を移動する装薬）が，各国において研究または開発段階にある．これらの新形式弾薬類を射撃する火砲には，これまでに知られていない新たな摩耗や疲労の問題が起こる可能性も考慮されなければならない．

従来形式の火器弾薬でも性能の向上は著しく，戦車砲では弾丸の初速は1,500 m/s を超え6マッハに近づこうとしており，155 mm 野戦砲でも初速は1,000 m/s に近づき，射程も約30 km に延伸されようとしている．機関砲の口径や発射速度も増大しており，今後は多くの種類の銃砲身で摩耗が問題になると予想される．しかしながら，摩耗と疲労は完全に独立したものではなく，信頼できる疲労寿命の試験には，ある程度摩耗が進んだ砲身を用いて行う必要がある．

わが国では，銃砲身の摩耗を通常ガンエロージョンと呼んでいるが，各国でも用語の定義に違いがみられる．米国では"gun erosion"という用語はあまり使われず，一般には"barrel wear"と言われている．このことは，"wear"という名のガンエロージョン専門誌が刊行されていることからも分かるであろう．ドイツでは"wear"を弾丸の通過に伴う砲身の機械的摩耗と定義し，燃焼ガスによる熱的および化学的摩耗を"erosion"と称している．わが国では，焼食抑制剤という用語はよく用いられるが，焼食はガスエロージョンの和訳でありエロージョンの一形態に過ぎない．従って，摩耗の抑制効果がガスエロージョンに特定されない限り，焼食抑制剤と呼ぶのは不適切と言わざるを得ない．本章では，このような混乱と英単語の翻訳の難しさを避けるため，英単語をそのままカタカナ読みで呼ぶことにする．ただし，"wear"（ウェアー）は衣服を連想するので，タイトルに示したように慣用的な"gun erosion"「ガンエロー

ジョン」を用いる。

2. エロージョンの原因

2.1 原因と発生状況

ガンエロージョンの原因は，通常以下に示す二重丸の3種類に分けられるが，コロージョン（腐食）とヒートチェック（亀甲状亀裂）を加える場合がある。

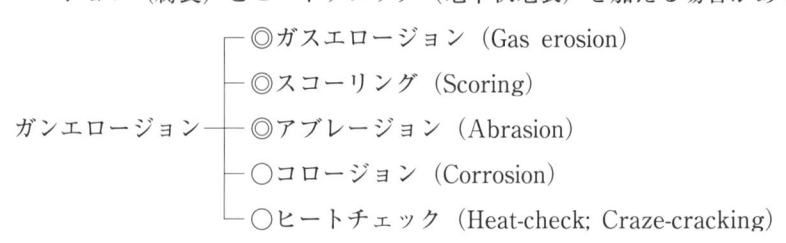

ガンエロージョン ─┬─ ◎ガスエロージョン（Gas erosion）
　　　　　　　　　├─ ◎スコーリング（Scoring）
　　　　　　　　　├─ ◎アブレージョン（Abrasion）
　　　　　　　　　├─ ○コロージョン（Corrosion）
　　　　　　　　　└─ ○ヒートチェック（Heat-check; Craze-cracking）

2.1.1 ガスエロージョン

発射薬の燃焼で生じる高温・高圧ガスの作用で，砲身材料が滑らかに摩耗する現象である。燃焼ガスの比較的遅い流れによる鋼材の加熱や，両者の化学反応で起こるとされている。一般に，始線部（commencement of rifle）の山または滑腔砲では起端部で起こる。

2.1.2 スコーリング

弾帯またはオブチュレータ（obturator）と砲腔面の間からガスが高速で漏れて起こる鋼材の溶解現象である。ほかの原因でエロージョンがある程度進行した後で起こるが，一度起こると一発ごとに増大し，特に腔線の谷部の摩耗を急速に進める。銅製弾帯（rotating band）もスコーリングにより軟化し，砲身内面に銅の残さを付着させる。

2.1.3 アブレージョン

弾丸の研磨作用によって起こる機械的摩耗である。弾丸の重量により，通常始線部の下側で起こる。弾帯の材料が硬くなるとアブレージョンの量は増大する。

2.1.4 コロージョン

燃焼ガス中の腐食性物質が砲腔内で鋼材を腐食する現象であり，これを防止するためには射撃後によく砲腔内の清掃を行う必要がある。

2.1.5 ヒートチェック

射撃によって砲腔内面が受ける急激な加熱と冷却の熱サイクルにより，全面にわたり亀甲模様の微細なクラックが発生する現象である。図4－1にヒートチェックの発生状況の一例を示す。薬室内では微細なヒートチェックが見られるが，熱的負荷の大きい始線部付近では大きくて深いヒートチェックが発生している。

2.2 その他のエロージョン現象

以上に述べたエロージョン以外にも，砲口で起こる高速ガス流れによるエロージョンや，通常砲身の中央部付近に設置されている排煙器の排煙孔で起こるエロージョンがある。また，弾丸には弾帯やガスシールバンドのエロージョンが砲腔の表面荒れに起因して起こり，両者は相互に増幅し合い発散していく傾向を有することがある。弾帯がエロージョンを受けると，砲腔内面には銅色の付着物が認められることから，着銅と呼ばれている。着銅はガンエロージョンとは反対に砲腔径の縮小を引き起こし，著しい場合には弾丸通過を阻害して砲腔破裂を起こす恐れがある。古くから除銅剤（decoppering agent）と呼ばれる鉛箔が用いられてきたが，最近では鉛公害に配慮して錫箔が用いられる。除銅

薬室表面　　　　　　　砲腔内ライフル表面

図4－1　ヒートチェック発生の一例

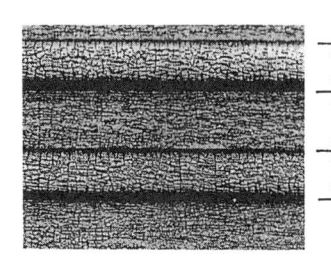

剤は大中口径の火器に用いられており，発射装薬の弾丸に近い部分の周囲が端面に配置されている。除銅のメカニズムについては，現在も完全には解明されていない。

2.3 複合エロージョン

　これまで，ガンエロージョンのそれぞれの要因が独立に生起するように説明してきたが，実際の銃砲のエロージョンはこれらの要因が複雑に絡み合った現象である。例えば，低燃焼温度（1950 K）発射薬と高燃焼温度（2800 K）発射薬のエロージョンを比較したところ，始線部では低燃焼温度発射薬のほうがエロージョンが少なく，砲口に近い部分では逆の結果が得られたという報告がある。その場合，低燃焼温度発射薬では弾帯がライフルに食い込んでガスシールするまでに移動する距離は短いが，高燃焼温度発射薬ではガスシールするまでに移動する距離がかなり長かった。後者の原因は，弾帯がガスシールするまでの間に弾帯が漏洩するガスにより加熱され軟化したためであると説明されている。すなわち，低温度発射薬では始線部でのガスエロージョンは少ないが，弾帯が硬いために砲身の前部ではアブレージョンが大きく起こる。一方，高燃焼温度発射薬ではガスシールに時間を要するためガスエロージョンとスコーリングを起こすが，ガスシールができた後は弾帯が軟化しているためにアブレージョンが少なくなるのである。このように，実際の銃砲のガンエロージョンでは，ガスエロージョンとスコーリング並びにアブレージョンが同時に起こり，その影響は砲身の位置とガスシール性に依存し，発射薬と弾帯と砲身が絡み合う複雑な現象となるのである（図4-2）。

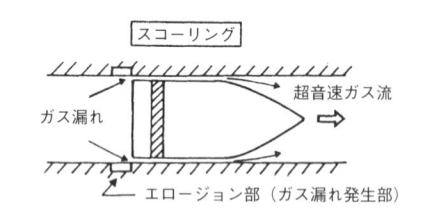

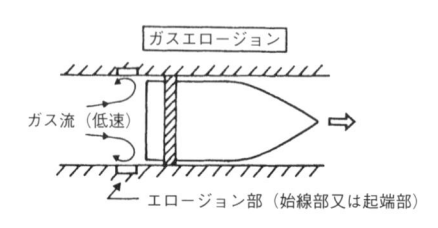

図4-2　ガスエロージョンとスコーリングの発生場所と発生原因

3. ガンエロージョン発生のメカニズム

　ガンエロージョンのメカニズムに関する研究は，これまで盛んに行われてきた。これらの研究は大きく二つに分けられる。一つはガンエロージョンが発射薬の燃焼生成ガスから砲腔内面への熱伝達に起因すると考える研究であり，歴史が長く「熱エロージョン説」と呼ぶことにする。もう一つは，燃焼生成ガスと砲身材料との化学反応に着目した研究であり，「反応エロージョン説」と呼んで区別する。最近は，両者を組み合わせた「熱・反応エロージョン説」と言える研究が報告されている。それぞれの理論を生んだ実験結果とその特徴，並びに問題点を説明する。

3.1 熱エロージョン説

　この説は，ガンエロージョンが認められてからほぼ一世紀以上にわたってガンエロージョンを説明してきた説である。1960年中頃に銃砲の発射薬は黒色火薬から無煙火薬に変わっているが，当初はニトロセルロース（硝化綿）だけからなるシングルベース発射薬が用いられ，エネルギーが低くてエロージョンは問題にならなかった。しかしながら，まもなくニトログリセリンを添加したダブルベース発射薬が登場し，性能は大きく向上したが，ガンエロージョンの問題が現れてきた。

　最初のエロージョンに関する系統的な研究は，1884（明治17）年に仏国のPaul Vieilleによって成された。ちなみに，彼の名は現在も発射薬や推進薬の燃焼速度の圧力依存式として使われている，Vieille's law（ヴィルの法則）に残されており，発射薬の研究でも大きな貢献をした人物である。Vieilleはガンエロージョンのシミュレーターを用いて実験を行い，エネルギーの高い発射薬ほどエロージョンが大きいことを定量的に見出した。

　過去にガンエロージョンが最も深刻な問題となったのは，第二次世界大戦下のドイツにおいてであった。これは，砲身用鋼材に必要な金属（steelhardening materials：クロム，モリブデンなど）の不足により，不適切な鋼材で砲身を造らざるを得なかったためである。そこで，ガンエロージョンを軽減する発射薬の開発に力を入れ，ニトログリセリン（NG）の代わりにエネルギーの少ないジエチレングリコールジナイトレート（DEGDN）を使用し，また，ニトログアニジン（NQ）を混入したトリプルベース系発射薬を完成した。これらの新しい発射薬の成分は発射薬の弾道性能（ballistic potential）を変えずに燃焼温度を低下し，ガンエロージョンを低減するとしている。

　第二次世界大戦以降，熱エロージョン説に沿って多くの研究が成され報告されている。発射薬の高温の燃焼ガス（約2000℃～3500℃）が音速（約1000 m/s）で弾帯と砲腔の間を流れるスコーリングでは，発射薬の燃焼温度かまたはエネルギー（爆発熱量）が支配的であると考えられる。図4－3にスコーリングを模擬したエロージョンボンブ試験（図4－6参照）で得られた，燃焼温度とノズル試料の重量減少を示す。この図から，温度の高い発射薬ではエロージョン量が大きくなることが分かる。

　スコーリングとガスエロージョンの分離は難しい課題である。スコーリングは，始線部付近でのガスエロージョンが大きくなると起こるとされているが，実際には顕著なスコーリングが起こるまでの両者の分離は困難である。したがって，初期のガスエロージョンにはスコーリングの影響が含まれている可能性がある。特に，ガンエロージョンが進んだ砲身では，荒れた砲腔面と砲弾の弾帯との間にガスが流れ，スコーリングが起こりやすい。純粋にガスエロージョンの研究のための射撃試験は，新砲を用いて弾丸の装填圧力や装填位置を規定し，ガスシールを厳密に行った条件下で行う必要がある。

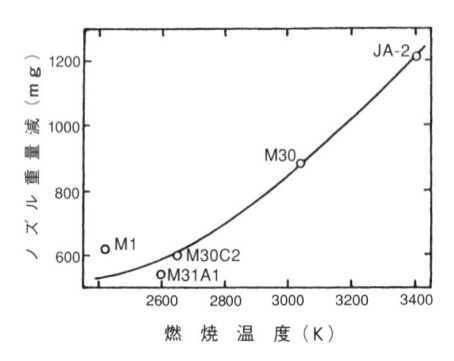

図4－3　砲身鋼材のエロージョン率と発射薬の燃焼温度との関係

3.2 化学エロージョン説

化学エロージョン説では，エロージョンは銃砲身の鋼材と燃焼ガス中の活性成分が反応し，生成物が燃焼ガスの高速の流れかまたは弾丸の移動により剥離して起こるとする説である。

① 酸化説：燃焼ガスと鋼材の発熱的反応で黒色の酸化鉄（FeO）が生成し，これが脆いために剥離しエロージョンが起こるとする説

② Fe-CO錯体説：一酸化炭素（CO）と鉄が反応し鉄カルボニル化合物を生成し，これが低融点の鉄カーバイトに変化し，溶融－生成を繰り返すとする説

③ 水素還元説：原子状の水素が鋼材中の炭素と反応し軟化させるとする説

これらの説は，いずれも射撃後の表面の分析から酸化鉄，鉄カルボニル化合物の検出，および炭素含有量の減少を確認した結果に基づく仮説である。

わが国でも，エロージョンボンブに用いた砲身材料を，X線分析法の一つであるESCA（Electron Spectroscopy for Chemical Analysis）を用いて分析し，表面から約 $2\mu m$ の深さまで化学変化を受けていることが報告されている。これまで最も有力と考えられてきた説は，②の「Fe-CO錯体説」であったが，ニトラミン（RDX）を含む安全化（LOVA：Low Vulnerability）発射薬が出現してからは，水素原子または水素分子による鋼材の還元が主原因であることを支持する報告が多く見られるようになっている。水素とCOのどちらが主因であるかを論じる際には，水性ガス反応と呼ばれる次式の反応に留意しなくてはならない。

$$CO_2 + H_2 \leftrightarrows CO + H_2O$$

この化学平衡式は，発射薬の組成を変えて水素を増やすと，これに比例してCOガスも増えることを意味している。従って，例えばガンエロージョン量が水素濃度に比例して増大しても水素が主原因と結論するのは早計であり，COである可能性も否定できない。

3.3 熱・化学反応エロージョン説

英国の Izod と Baker は1982（昭和57）年に，ニトラミン（RDX）を混入した発射薬では，温度が低下するとエロージョン量が増大するという従来の経験則とはまったく反対の実験結果を報告した。図4－4にその結果の一例を示すが，この実験では30 mm 新砲を用い，火薬力（Impetus）を一定に保ち，RDXを添加して燃焼温度を下げた4種類の発射薬と数種類の英国の従来発射薬を評価している。ここで，発射薬エロージョン係数（A）は，次式で定義されている。

$$W = A \exp(T_{max}/B_o)$$

ここで，W はエロージョンによる径の変化量，T_{max} は砲腔表面温度であり発射薬の火炎温度に比例する。B_o は砲腔表面の硬さに依存する定数である。この式によると，エロージョン量に及ぼす火炎温度の影響は T_{max} の指数と発射薬エロージョン係数（A）の積で決まり，両者の火炎温度に対する感度により火炎温度依存性が逆転する可能性がある。彼らの結果は，発表当時あまり注目されなかった。

わが国でも，RDX を混入して火薬力を増大し燃焼温度を下げた新しい発射薬を射撃して，燃焼温度の低下にもかかわらずガンエロージョンが増大することが1985（昭和60）年に報告されている。英国の Lawton は，Izod と Baker の実験結果に注目し，発射薬エロージョン係数と燃焼ガスの成分（CO, CO_2, H_2, H_2O, N_2 など）間の重回帰分析を行った。その結果，発射薬エロージョン係数は燃焼ガス中の各成分のモル分率と各成分固有の値の積で表されるとした。燃焼ガス成分の中で，水素が

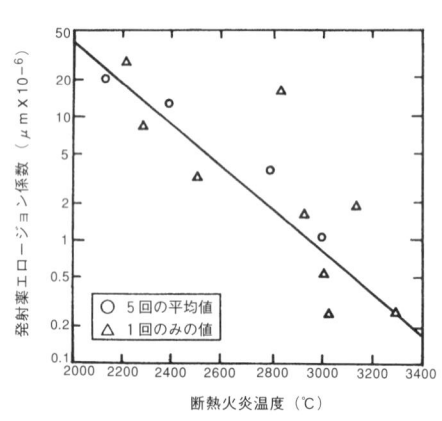

図4－4　発射薬エロージョン係数に及ぼす火炎温度の見かけの影響

砲内弾道（ガンエロージョン）

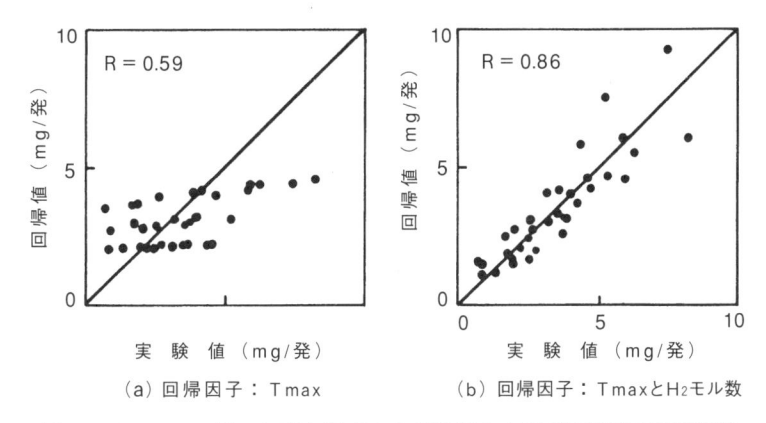

図4－5 エロージョン率と温度および温度＋水素ガス濃度の相関係数

(a) 回帰因子：Tmax
(b) 回帰因子：TmaxとH₂モル数

COの約3倍で最大の影響を与える。わが国でもLawtonの結果をさらに厳密に解析して，例えば，図4－5に示すようにエロージョン量と温度との相関係数が0.59と低い場合に，水素濃度のみを考慮しても0.86に増大することなどを示した。

4. シミュレーション試験法と測定例

4.1 シミュレーション試験法

エロージョンのシミュレーション試験は，100年以上も前にVieille（仏）が破裂板付きの穴あき試料栓（plug）を装着した内容量17.8 mlの鋼製圧力容器内に発射薬を充填し，規定の圧力で破裂板が破れて燃焼ガス流が試料栓を通過し，その際の重量減少を求めてエロージョン率を測定したことに始まる。現在用いられている装置も基本的には同じであり，エロージョンボンブ（vented erosion apparatus）と呼ばれている。

図4－6に一般的なエロージョンボンブの構造と試料部の形状を示す。試料がノズルになる場合と，試料の後方にノズルがある場合があり，前者をシング

ルチョーク型，後者をダブルチョーク型と呼んで区別している。ダブルチョーク型は燃焼ガス流れが試料部で遅く，ガスエロージョンをシミュレートするものであり，シングルチョーク型は燃焼ガスが試料部を超音速で流れるためスコーリングをシミュレートするものである。

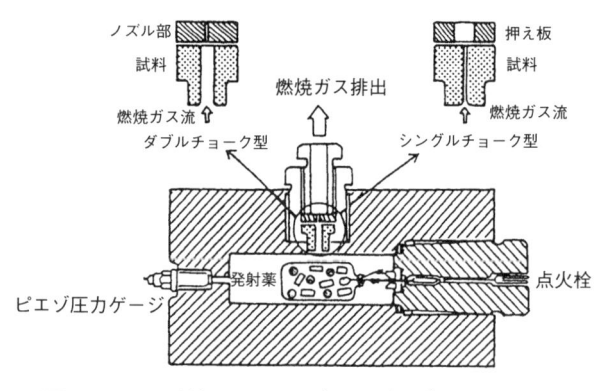

図4－6　2種類のエロージョンボンブ試験装置の構造と試験試料部の形式

エロージョンボンブ試験法の改良も行われ，試料部の入り口が急に絞られると流れが乱れ試料部の一部がえぐられることから，試料部の入り口にグラファイト製の円錐形整流器を置くと良好な結果が得られた。エロージョンボンブ試験で，試料のサイズが大きく異なる同一重量の発射薬を用いて試験したところ，エロージョン率は発射薬のサイズすなわち最高燃焼圧力に依存しないことも明らかにされた。また，試料のエロージョン率は発射薬の重量ではなく，エネルギーを同一にして測定すべきであるという結果も得られている。メッキを施した試料のエロージョンボンブ試験結果も報告されている。今後は，これまでに蓄積されたエロージョンボンブ試験法のノウハウを活用し，実射撃で得られる結果との相関を採り，シミュレーション試験法を確立していく必要がある。これにより，新たに開発した発射薬のエロージョン特性を，短期間に経済的に評価することが可能になる。また，エロージョンの低減化の研究も促進されるものと思われる。

4.2　エロージョン測定例

両形式のエロージョンボンブにより得られたシミュレーション結果を，図4－

7に対比して示す。発射薬には，RDXを含む5種類の試製発射薬と比較発射薬（トリプルベース：M30A1）を用いた。火薬力はすべて同じであるが，断熱定容温度は2645Kから3028Kで，水素ガス濃度はほぼゼロから約30％まで変えた。シングルチョーク型で試験した場合は，燃焼温度の最も高い比較発射薬のエロージョン率（重量減少％）が最も高く，燃焼ガス中の水素濃度との相関は明らかではない。一方，ダブルチョーク型を用いた結果からは，水素濃度が最も高く燃焼温度が最低の発射薬のエロージョン率が最も高く，水素濃度が15％以下の2種類の発射薬は，比較発射薬を下回るエロー

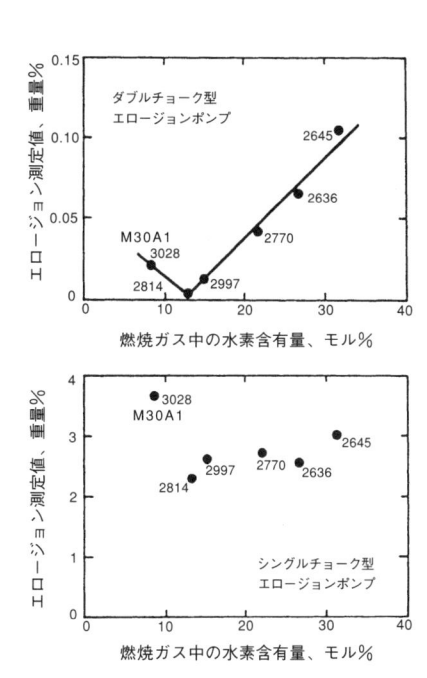

図4-7　5種類の発射薬と比較発射薬（M30A1）のエロージョン率の比較

ジョン率であった。比較発射薬の場合には，シングルチョーク型で求められたエロージョン率がダブルチョーク型の約180倍も大きく，スコーリングによるエロージョンがガスエロージョンに比べて著しく大きいことが確かめられた。

4.3　エロージョン試験成果の応用

　1980年以降各国は発射薬の安全性向上の研究を開始したが，現在でも実用化されている発射薬はほとんど見られない。発射薬の火炎温度が低いにもかかわらず大きなエロージョンが発生し，安全性向上のために性能を犠牲にせざるを得ない。

　図4-7に示す実験結果からエロージョンを最小にする水素ガス濃度が求められた。その結果，燃焼温度が野戦砲などに使われている代表的なトリプルベー

ス発射薬（M30A1）より約200℃高く，火薬力が約13％高いにもかかわらず，ガスエロージョンが小さい発射薬組成を決定することができる。

5. ガンエロージョンの低減化

ガンエロージョンの低減化は，種々の仮説と実射による確認を繰り返す半ば試行錯誤的な方法で行われ，いくつかの有効な方法が開発されてきた。以下に，エロージョンの低減化に有効な方法のいくつかを紹介する。

5.1 砲身内温度の低減

5.1.1 クロムメッキ

燃焼ガスの加熱で砲腔表面の温度は1100 K〜1500 K に達し，鋼材の強度が急激に落ちる温度領域（720 K〜820 K）は砲腔表面から0.15〜0.2 mm である。従って，砲腔表面にこの程度の厚さのメッキを施し母材を守る方策が採られる。

5.1.2 薬きょうおよび装薬内面のライナー

① 砲腔表面のポリマーの分解ガスによる低温の境界層を形成し，熱伝達を妨げるという発想に基づき，ポリウレタンライナーを薬きょう上半面の内側に施す。

② 砲腔表面を耐熱性のある無機材料で覆い，断熱効果とともに粉状無機材料の結合剤（ワックスなど）の分解ガスによる低温境界層を形成する。この例として，図4−8に酸化チタン（TiO_2）−ワックスを示す。

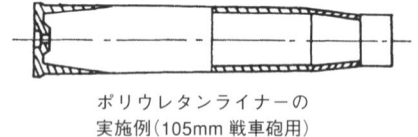

ポリウレタンライナーの実施例（105mm 戦車砲用）

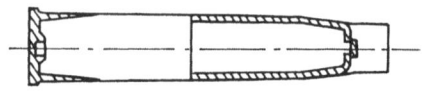

チタン（Ti O_2）/ワックス フラップの実施例（105mm 戦車砲用）

図4−8　薬きょう内面に施されたエロージョン低減化法の実施例

5.2 砲身と弾丸のガスシール性の向上

砲弾の弾帯の後部にプラスチック製のリング状オブチュレータを配置し，これがライフルの溝へ入りガス漏れを防止して摩耗命数を向上する。

オブチュレータの装着により，弾丸前方（砲口側）の砲身内面温度の低下が確認されている。

砲弾の弾帯が砲身のライフルへ食い込みやすいように，ライフルの起端部に1段または2段のテーパをつける。

5.3 発射薬の低エロージョン化

低燃焼温度発射薬は，ガスシールが悪くなった場合やスコーリングが起こった場合にはエロージョン率が小さいため有利である。

低燃焼温度化は燃焼ガス中に水素や CO が増大するので，最適化を図らなければならない。

第5章

過渡弾道

1. 過渡弾道の定義と過渡弾道現象

1.1 過渡弾道とは

　大口径砲の射撃の様子を図5－1に示す。このような砲弾が射ち出される直前，直後の問題を対象とする火器・弾薬システムにおいて，火器の役割は，弾丸（飛しょう体）に対して飛しょうの方向と飛しょうの運動エネルギーを与えることである。この飛しょうの方向は火器の向きによって与えられ，運動エネルギーは砲内弾道的に与えられる。実際には，弾丸が飛び出す方向は，発射前にセットされた火器の向きとは若干異なり（発射前に設定された火器の向きと弾丸が実際に飛んで行く向きのなす角である跳起角として表現される），また，付与運動エネルギーによる速度（初速）も発射薬ガスの影響を受け，砲口でのものとは異なる（図5－2）。従って，砲内弾道の結果は，そのままでは砲外弾道の初期条件とはなり得ない。この砲内弾道と砲外弾道を結ぶもの，すなわち弾丸が砲口を離れるときから自由飛しょうするようになるまでの弾道を扱うのが過渡弾道（transition ballistics）である。この中には，弾丸発射の際に発生する砲口爆風（無反動砲での後方爆風を含む），砲口炎，砲口煙，発射音などの諸現象も対象として含まれる。

　従来は，跳起角については過渡弾道の結果としてチップボードなどを用い個別火器の個癖として計測され，初速は砲口近くの弾丸存速から外挿されること

図5－1　大口径砲の射撃

過渡弾道

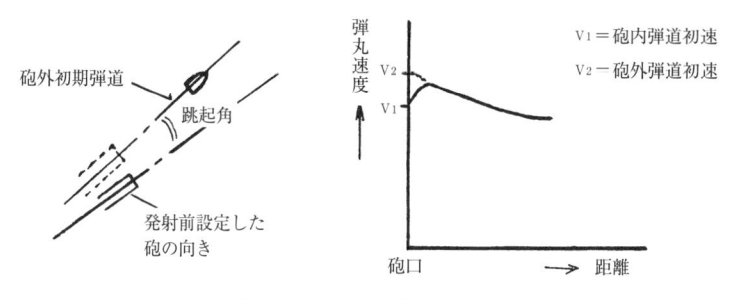

図5−2 跳起角と初速

により砲外弾道検討に大きな支障はなかった。従って，過渡弾道は一般にあまり重視されない傾向にあった。しかし，戦車砲の射程が延伸され，射弾散布の減少が強く要求されるようになり，また，APFSDSのような砲口直前で弾丸の一部を離脱する弾薬の出現からも命中精度の向上のための現象研究が急激に進んでいる。さらに，砲外弾道において，従来の質点弾道から3次元6自由度の剛体弾道が扱われるようになったのに伴い，その初期条件を定める弾丸が砲口を離脱するときの姿勢や運動が問題となるようになった。このため，砲身の曲がりや振動，砲身内での弾丸の振動など弾丸の砲口離脱に影響する諸問題などが採り上げられるようになってきている。このため，命中精度に関係するものとして，これらの問題を含めて過渡弾道は，発射動力学（launch dynamics）へと発展してきている。

このように，過渡弾道は，砲外弾道の初期条件を与えるものとして重要な地位を持つようになり，この分野が過渡弾道研究の主体を占めるようになってきている。これは，次のような段階に大きく分けることができる。

1.1.1 砲内段階
弾丸が砲口を離脱（砲口外で弾丸が発射薬燃焼ガスの影響を受けるようになるとき）するまでの段階。この結果は，次の空力段階の初期条件を与える。

1.1.2 空力段階
弾丸が砲口を離脱してから発射薬燃焼ガスの影響を受けなくなるまでの段階。

1.1.3 装弾筒離脱段階

APFSDSのような砲口直前で弾丸の一部である装弾筒などを離脱する段階。砲外弾道の初期条件としては，弾丸の特性のほかに，弾丸が自由飛しょうに入るときに実際に飛んで行く向き，そのときの速度，また，そのときの弾丸の姿勢とその有する横方向の運動などがある。これらは，上記の各段階において影響を受ける。

1.2 砲内段階（図5－3）

この段階では，弾丸は装填されたときの弾丸長軸の方向に直進するわけではなく，各種の要因によってその向きは変化しながら前進する。これには次のような要因がある。

1.2.1 砲身の曲がり

砲身には，加工誤差による曲がり，重力による曲がり，偏加熱による曲がりなどが発生する。偏加熱による曲がりは，日照などにより砲身の加熱または冷却が円周上一様でないことからくる熱膨張差による曲がりであり，この影響を極力少なくするため砲身被筒（thermal jacket）が用いられている。

1.2.2 砲身の振動

砲身（後座体）は，砲内で弾丸が動き出すとその反作用で後座を開始する。この際，砲身中心軸と後座体重心との不一致により生ずる砲身回転モーメント，後座体への固定とそれより前方の砲身からなる片持ち梁としての特性，砲身の曲がりなどにより発生する砲身の振動（運動）がある。なお，弾丸が砲口を離脱するときには，大口径砲では砲口は数cmも後退している。

1.2.3 砲身内での弾丸の振動（バロッティング）

弾丸が砲こう内を移動するとき，砲身との間で衝突を繰り返す現象である。

1.2.4 弾丸の砲口離脱

砲身の振動，砲身内での弾丸の振動などにより弾丸に与えられた横方向のエネルギーが弾丸砲口離脱時に解放され，弾丸の姿勢が変化する。

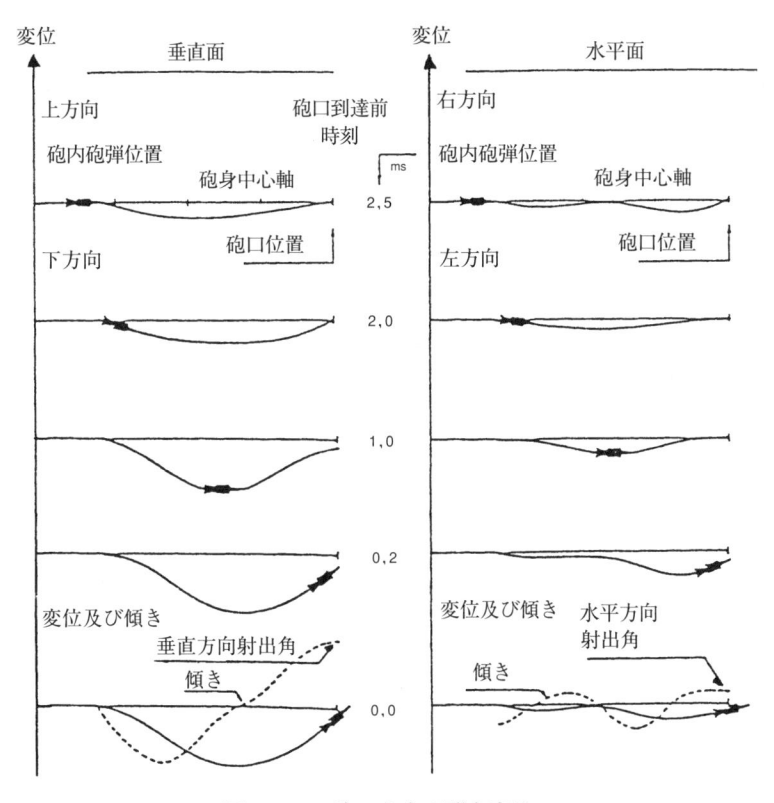

図5－3　砲こう内の弾丸変位

1.3 空力段階

　弾丸発射時の砲口ガス流は，弾丸との位置関係から弾丸放出前，弾丸放出直後，爆風域の膨張および弾丸爆風域離脱後の4段階に分けることができる。ここでは，理解を容易にするためまず砲口付近の高圧ガスの放出について述べ，次いでこの4段階および2次炎について解説する。

1.3.1 弾丸放出前（図5－4）

　一般に，砲口から放出されるガス流は，周囲の空気と混合し，乱れを生ずる。この際発生する圧力波は，騒音として音速で広がる。砲口ガス流および周囲空気を通しての音速は，存在ガスの種類および状態によって異なる。発射薬の燃

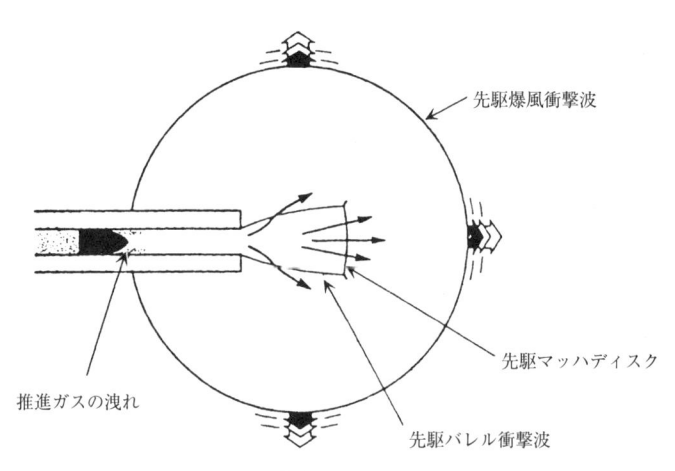

図5−4 弾丸放出前の衝撃波形成

焼によって生ずるガス混合物は，空気とは極めて異なり，その温度，圧力および密度は大気と著しく異なる。このため，両者での音速には大きな差があり，砲口から出た推進ガスは急速に拡散する。従って弾丸放出前の推進ガス洩れも含めた砲内のガスが大気に出て行く騒音は，衝撃波として大気中を大気中の音速よりも僅かに速い速度で外方に伝播していく。

　砲口付近の乱流混合によって生ずる騒音は，砲口から離れる方向および砲口に向かう方向の両方向に移動する。内側に向けての騒音は，ガス流に逆らって砲口に向けて移動する衝撃波を形成する。砲口近くでは衝撃波の速度はガス流の速度と等しくなる。こうなったとき，内側に向けての衝撃波は前進せず，疑似静止衝撃波（quasi-static shock wave）を形成する。この衝撃波は，壺形で，ボトル衝撃波（bottle shock）と呼ばれる。砲口から延びるボトル衝撃波の曲がった側面は，バレル衝撃波（barrel shock）と呼ばれ，ボトル衝撃波のほとんど平らな底は，マッハディスク（Mach disk）と呼ばれる。

　砲内において発射薬の燃焼ガスにより弾丸が砲こうに沿って加速されると，弾丸の前にある空気は，弾丸を越して漏れてきた発射薬燃焼ガスを伴い急速に前方に押し出される。これは，砲口でほぼ球形の先駆爆風衝撃波（precursor blast shock) として放出される。この際，弾丸を越して漏れてきた微粒子を含む高温発射薬燃焼ガスは，前駆砲口炎 (preflash) を生ずる。

　流出空気速度が十分になれば，砲口付近に小さなボトル衝撃波を形成する。その大きさは流速が増加するほど大きくなる。

1.3.2　弾丸放出直後（図5－5）

　次に弾丸が砲口から出てき，弾帯などの発射薬ガスシールが砲口を過ぎると，高圧発射薬ガスは大気中に放出され，強力な爆風衝撃を生成する。最初，爆風衝撃は，弾丸の存在および発射薬ガスの高速流によって歪められ，極端な非球形である。発射薬ガスは弾丸より速い速度に加速されて急激に膨張し，あたかも弾丸が後方に動くかのように弾底周りに衝撃波を生ずる。この見かけの反対ガス流は，砲口前，数口径長の間弾丸の速度を僅かに増加させる。この点で弾丸は最大速度になる。一方，このガス流は，弾丸の姿勢を変え，弾丸の射弾散布や命中精度を悪化させる。

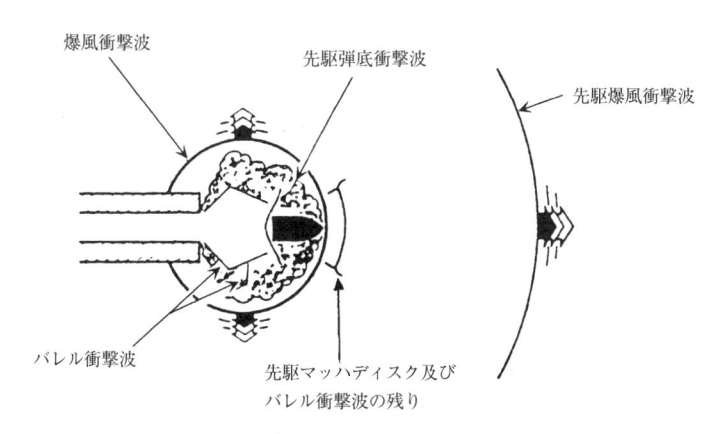

図5－5　弾丸放出直後の衝撃波の初期生成

1.3.3　爆風域の膨張（図5－6）

　次に新しい大きなバレル衝撃波とマッハディスクが砲口の周りに形成される。噴出した発射薬ガスの速度は急速に低下する。それに伴い，バレル衝撃波とマッ

75

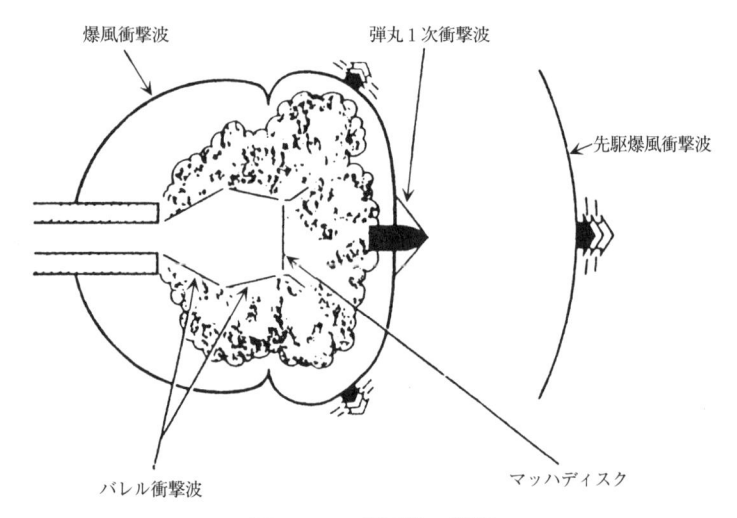

図5－6　爆風域の膨張

ハディスクの大きさは縮み，残ったマッハディスクは砲口内に入り，後方に行く希薄波になる。

　弾丸が超高速のときは発射薬ガス内を前進し，爆風衝撃前端の衝撃波を通過する。この際，弾丸は僅かに減速され，同時にその姿勢を乱される。また，弾丸先端に1次衝撃波を生ずる。

1.3.4　弾丸爆風域離脱後（図5－7）

　この段階では，爆風衝撃波は音速よりも速く進み，先駆爆風衝撃波を捕える。弾丸は，先端の1次衝撃波，弾底からの弾底衝撃波と弾丸航跡を引きながら大気中を進行する。この段階では弾丸は砲外弾道域に入っている。

　この段階では発射薬ガスは，空気と乱れを起こして混合される。

1.3.5　2次砲口炎の発生（図5－8）

　周囲の空気と混合された発射薬ガスは，水素と一酸化炭素を多量に含み，これらと空気中の酸素とが自然に反応して大きな炎（2次砲口炎）を発生する。また，発射薬残渣などの高熱粒子が，弾丸航跡に長い光の柱として現れる。

過渡弾道

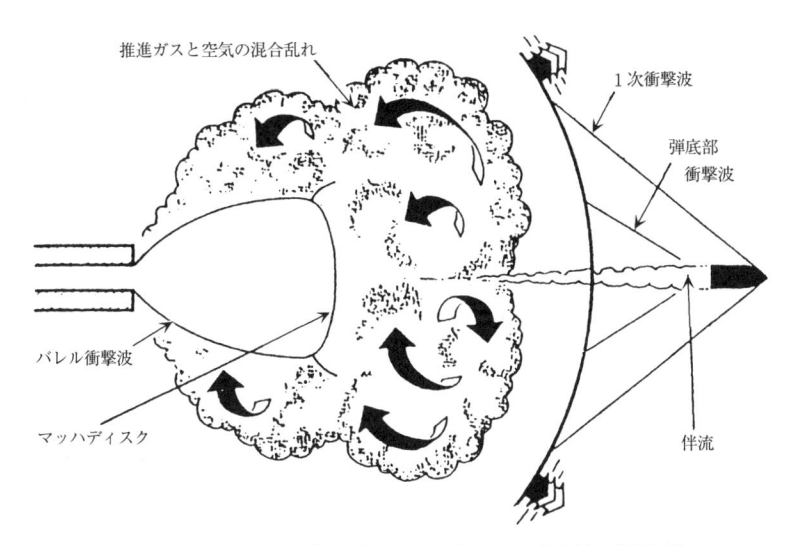

図5-7 バレル衝撃波とマッハディスク消失前の爆風域

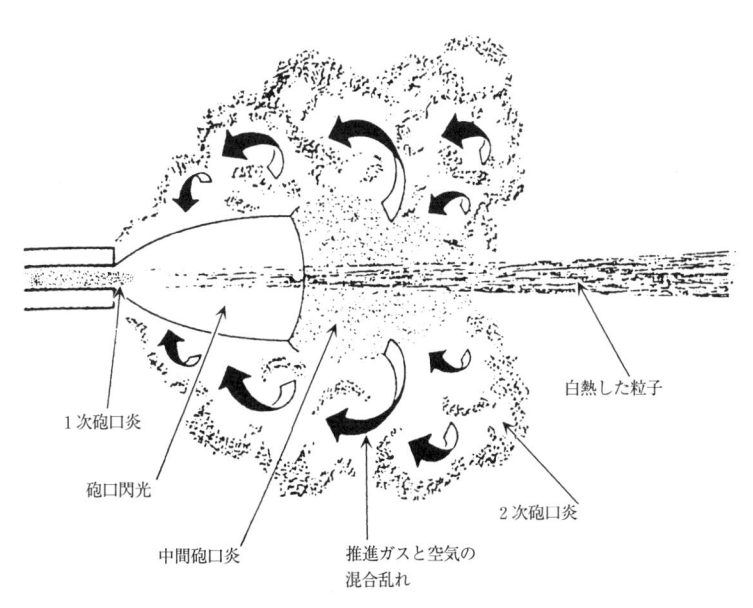

図5-8 2次砲口炎

1.4 装弾筒離脱段階

この段階は，APFSDS のような砲口直前で弾丸の一部である装弾筒などを離脱する段階である。装弾筒は，弾丸の旋動による遠心力，砲口内で装弾筒を押し広げようとする発射薬ガスの作用（弾丸砲口離脱後装弾筒は直ちに離れる），弾丸が大気中を飛しょうするときの空気流の作用などによって弾丸から離脱される。この装弾筒離脱時，弾丸の姿勢などの影響から均一に離脱することはなく，その不均一性が弾丸の姿勢に影響を与える（図5－9）。

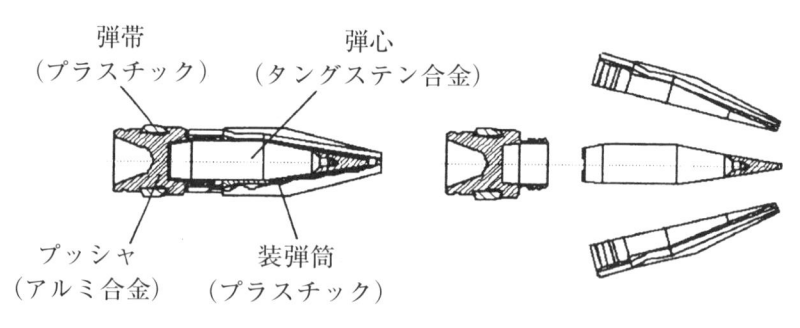

図5－9　装弾筒の離脱例

2. 過渡弾道計測およびシミュレーション

2.1　計測およびシミュレーションの状況

過渡弾道現象は，数10μs から数 ms 程度の非定常現象であり，しかも微粒子を含んだ高温高圧のガスが介在する。このガスは，四周に爆風の形で広がり，近くの物を吹き飛ばしてしまう。従って過渡弾道現象の直接的な測定は極めて困難である。このため爆風の影響の少なくなった点で測定を行い，それから外挿する手法が採られてきた。このことは，数学的シミュレーションやモデル実験を推進することとなった。もちろん直接的な測定の努力は継続され，砲口からの発射薬ガスの挙動については特に進み，空力的段階の研究が過渡弾道研究

の主体を占める状況になってきている。

　過渡弾道研究の最終目的が命中精度の向上であるので，砲内弾道，砲外弾道をも含めて命中精度の問題に取り組もうとする傾向が出始めている。すなわち，命中精度の向上のためには過渡弾道だけでは解決できず，砲内，砲外を含めて最適化を図る必要があることを示している。ここでは過渡弾道の時間的推移に従い，跳起角，砲身振動，砲口爆風，砲口離脱直後の弾丸運動，弾丸の衝撃波空砲，装弾筒離脱の順で計測およびシミュレーションの例を以下に示す。

2.2　跳起角

　過渡弾道の結果としての跳起角の測定は古くから行われている。方法としては，砲をほぼ水平に設置し，規定された距離に標的を立てる。標的上に照準点と，砲外弾道計算からの予想弾着点を記す。照準点を照準して射撃し，標的上の弾着点と予想弾着点から気象条件を修正して跳起角を垂直および水平に分けて計算する。

　砲外弾道の初期段階の弾丸存速測定からの初速の算出と，ドーム射場による弾丸の姿勢と動きの測定については砲外弾道を参照されたい。

2.3　砲身振動

　砲口付近に加速度計などを取り付けて砲口の動きを計測している。（図5－10）。また，砲身に沿って多数の歪計を取り付け，発射時の砲身の振動を計測しているものもある。

2.4　砲口爆風

　砲口での発射薬燃焼ガスの挙動について多種多様の計測が行われている。計測は主としてシャドーグラフによるもので，小口径のものの測定が多い（図5－11）。これらを基本として多くのシミュレーションが行われている。

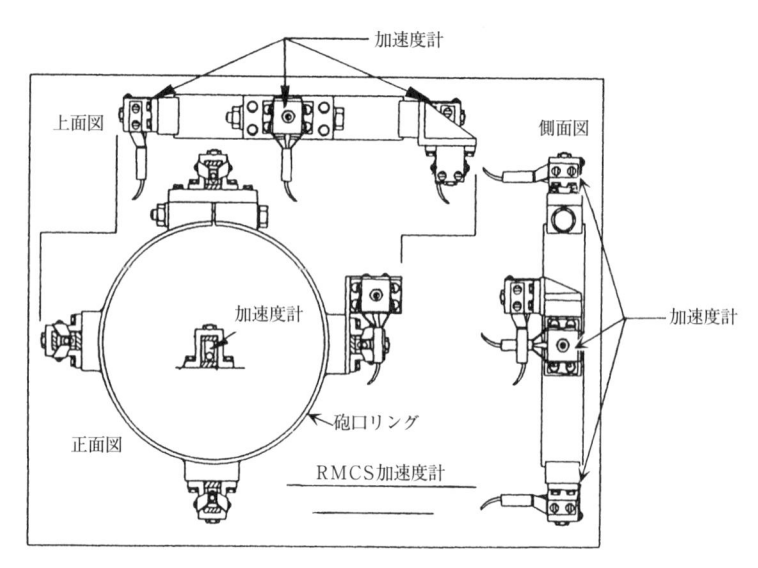

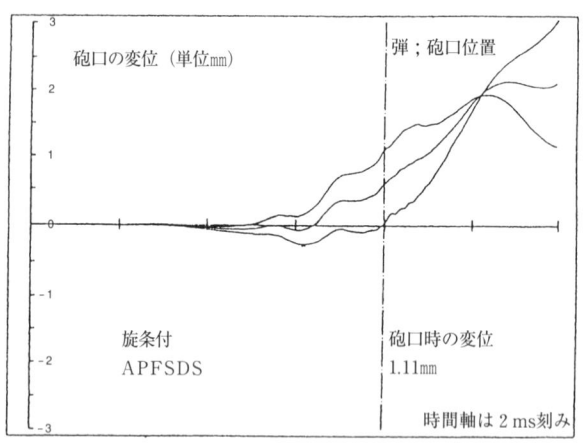

図5－10　砲口振動計測例

2.5　弾丸砲口離脱直後

　砲口を弾丸が離脱すると，砲内で後ろから弾丸を押していた発射薬ガスは弾丸を高速で追い越し，さらに弾丸を前方に押すことになる。この現象は，弾丸から見ればあたかもガス中を逆方向に進むかのようになる。この現象は，実験

室的に非定常過渡現象シミュレーション試験装置などによって研究が進められており、また、数値シミュレーションも一部行われている。計算結果から、追い越していく高温推進ガスが弾丸に非対称な力を作用していることが予想される。

2.6 弾丸衝撃波突破

弾丸は砲口爆風域を離脱する際、衝撃波を通過する。この現象を実験的に調べるのはかなり難しい。そこで、これらの状況を想定した流れ場を数値計算によってシミュレートし、弾丸付近に起こる衝撃波干渉場や、それに伴って誘起される非定常な流れ場を調べるとともに、弾丸の挙動に影響を及ぼす空気力について検討している。同様の現象は宇宙機器の爆発に伴う破片の挙動にも見られる。破片近傍で起こる非定常な衝撃波干渉（図5－12）や、それに伴って破片に働く不安定な空気力が観察された。特に、衝撃波を通過中の破片にかかる抗力の急激な減少がみられた。

このことから、砲口爆風を弾丸が通過する際には、弾丸の姿勢などに急激な影響を与えていることが推定される。

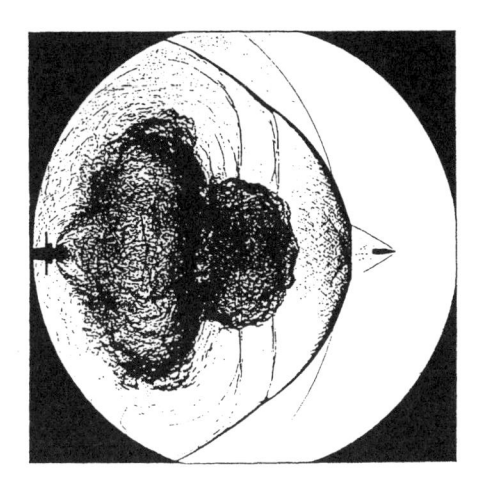

図5－11　小口径の砲口爆風

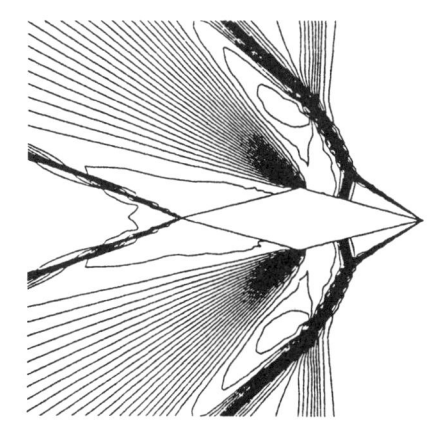

図5－12　衝撃波通過時の物体周りの等圧力線図

2.7 装弾筒離脱

APFSDS からの装弾筒離脱は，弾丸の命中精度に及ぼす影響が大きく，その現象の研究は，多数報告されている。計測は，フラッシュ X 線，シャドーグラフ，高速度カメラなどを利用して連続数点で測定し，その結果を解析している。数値シミュレーションもいろいろ行われている。このような極めて短い時間内の現象解明に数値シミュレーションは不可欠である。

第6章

砲外弾道
(飛しょう体の運動)

1. 砲外弾道の概要

1.1 砲外弾道の定義

第5章過渡弾道で述べたように火器（銃，砲など）から発射された弾丸は，火器の砲口爆風などの影響を受けて過渡的な運動をする。この後，比較的安定な空間の飛しょう運動に移る。砲外弾道学（exterior ballistics）は，砲口爆風の影響のない状況での飛しょう体（砲弾，ロケット弾などを含む）の空中運動について取り扱う学問である。

ここでは，砲外弾道学のうちの主に砲弾の基本的な運動について記載する。

1.2 目的

砲外弾道学の主な目的は，初速および射角が与えられたとき，飛しょう体の経路，運動，弾着位置，弾着時間などを正確に求めることである。砲外弾道を研究することによって，砲弾などを目標に正確に当てる（射撃精度の向上），より遠くに飛ばす（射程の延伸）などの手法を研究することもできる。

1.3 歴史

砲外弾道学で弾道（trajectory）とは，弾丸，ミサイル，爆弾などが運動するときのその重心の軌跡のことである。太古から人は，石を投げるとき目標までの距離を推定し，投げる速度（初速）および投げ上げの角度（射角）を決めて石を投げてきた。しかし，昔の人の持つ弾道のイメージは，放物線とは異なっていた。16世紀までは火砲から撃ち出された砲弾の弾道は，直線あるいは二等辺三角形の2辺に沿うものであり，頂点では円弧を描くものと考えられていた。

16世紀になると科学的な弾道の研究がなされ，1640（寛永17）年，Galileoにより空気抵抗を無視した弾道の研究が行われた。Newtonは，1723（享保8）年に空気抵抗は速度の自乗に比例すると発表し，Eulerは，1753（宝暦3）年に弾道の小部分を直線と見なし，弾道を1部分ごとに計算するいわゆる分弧計

算法を始めた。それ以降も砲外弾道学は，軍事上重要な学問であり，いろいろな先進的な学問と関係し，数学や空気力学（特に超音速飛しょう体の研究）の進歩に貢献してきた。しかし，第2次世界大戦までは弾道理論は弾丸を質点とみなす質点弾道理論が主体をなし，数学的完全解が得られないため各種の表などを使用する近似計算手法が使用されていた。そして，砲外弾道の積分計算を行うために BRL（米陸軍弾道研究所）とペンシルバニア大学とが共同で世界で初めての電子計算機といわれる ENIAC を開発した。電子計算機の発展にともなって，各種気象条件などの偏差を考慮しない標準弾道はもちろん，気象の影響，地球の自転の影響，地球の湾曲の影響を加味した偏差弾道の計算が可能となった。また，銃砲弾またはロケット弾の飛しょう中の姿勢を解析するための6自由度の剛体弾道計算も可能となった。これらの理論解析と並行し計測技術も進歩した。さらに，近年は計算流体力学（CFD：Computational Fluid Dynamics）も大きな役割をはたしている。

1.4 砲弾の砲外弾道の特徴

砲弾の特徴は，基本的に軸対象の飛しょう体である点と飛しょう体が旋転（スピン）する点にある。弾丸の飛しょうを安定させる方法は，基本的に2種類しかない。一つは，弓矢の矢と同様に翼を飛しょう体後部に付ける方法（翼安定弾）であり，一つは弾丸を高速に旋転させる方法（旋動安定弾）であり，後者が圧倒的に多い。また，翼安定弾であろうと，実際には射弾散布のばらつきを抑えるためゆっくり旋転をかけている。旋動安定弾を発射する銃としてはライフル銃があるが，このライフルとは，腔線のことであり，弾丸に旋動を与えるため銃腔に施している螺旋状の溝のことである。この腔線は戦車砲の一部を除いて小口径のピストルから大口径の大砲のほぼすべての火砲についている。ゴルフの打ちっ放し練習場で，旋転の入った弾道の研究をされているゴルファーも多いが，旋転があると弾道は複雑になる。

高速で旋転する弾丸では，その回転により「こま」と同様にジャイロ効果を生じさせ，その姿勢を維持しようとして姿勢が安定するが，同時に，高速旋転

は，空気を巻き込みゴルフボールをスライスやフックさせると同様な力（マグナス力）を生じさせるとともに，歳差運動（味噌すり運動）を発生させて砲弾の弾道を射撃の方向から横方向に曲げる。

　旋動安定弾でも，翼安定弾でも，旋転のある弾の弾軸は上下左右に振れ回り，その弾道は，単純な放物線ではなく，小さく複雑な螺旋をいびつな放物線に重畳したようなものとなる。すなわち，弾道をミクロ（微視的）に横あるいは上から見れば波を打ったような軌跡となる。

1.5　弾道要素の名称

　図6−1(a)(b)に砲外弾道の要素の名称を示す。
原点：発射瞬時の砲口の中心であるが，通常，発射準備した砲口の中心
落点：弾丸が水平面に弾着すると仮定したときの弾着点
弾道基線：原点と落点を結ぶ水平直線
射程：原点から落点に至る水平直線距離
最大射程：ある火砲で弾丸を射撃した場合，弾丸が到達し得る最大の射程
射線：発射準備した砲身軸の延長線
発射線：原点における弾道接線
高低角線：原点と目標（弾着点）とを結ぶ線
射距離：原点から落点または弾着点に至る水平距離（原点から落点に至る距離を射程ともいう）
射面：発射線を含む垂直面
高角：射線と高低線とのなす垂直角
高低角：高低角線と弾道基線とのなす垂直角
落角：落線と弾道基線とのなす垂直角
弾着角：弾着点において目標面または地表面と弾着線とのなす垂直角
存速：弾道上のある点における弾丸の速さ
着速：弾着点における存速
落速：落点における存速

砲外弾道(飛しょう体の運動)

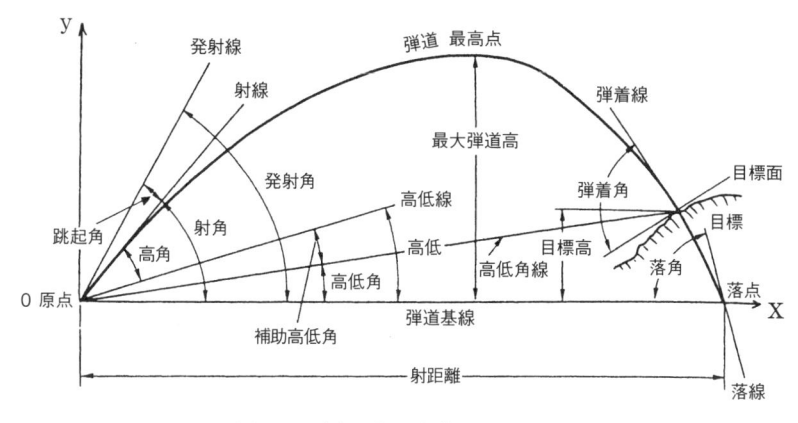

図6-1(a) 砲外弾道要素の名称

偏流:弾道基線を含む垂直面と射面(または発射面)とのなす水平角

高(低)射角射撃:最大射程に応ずる射角より大(小)なる射角による射撃

高低:高低角と補助高低角の代数和

補助高低角:高低角と高角の代数和を射角として射撃することにより生ずる射距離上の偏差を補正するための角

1.6 初速,射角,初期離軸角(砲外弾道の初期条件)

　火砲から発射された弾丸の砲外弾道の初速(initial velocity)は,実存しない仮想の速度である。初速とは,原点において弾丸が有していると仮定した最高速度である。弾道の原点は,発射瞬時の弾丸の重心位置であり,便宜的に弾丸発射直前の砲口の中心と仮定する。実際には,図6-2に示すように弾丸は砲口を離脱するときには最高速度に達して

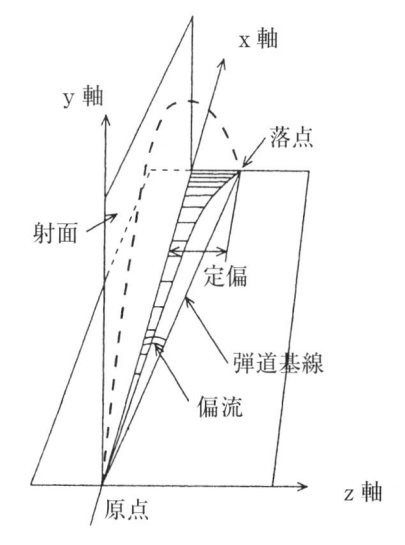

図6-1(b) 砲外弾道要素の名称

おらず，砲口爆風によってある距離の間，増速し続ける。したがって，初速は砲口爆風の影響のなくなった点における弾丸の存速（弾丸のある点における速度）から，空気抵抗，重力，風による減速分を加算して求められる。初速は，砲外弾道にとって非常に重要であり，最新の長射程火砲においては初速が1 m/s変化するだけで，射距離が60 mも変化してしまう場合がある。

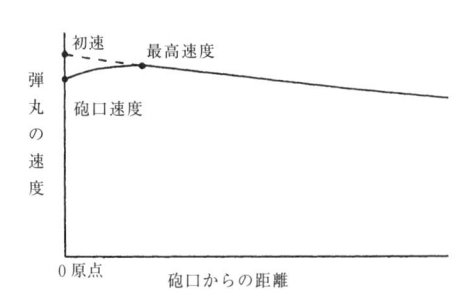

図6－2　弾丸の速度と砲口からの距離

弾丸が砲身から発射されるとき，弾丸は種々の原因によって，射線に沿って運動するのではなく，ある角度を持った発射線に沿って撃ち出される。この射線と発射線とのなす角を跳起角という。跳起角の大きさおよび方向は，必ずしも一定でなく，弾丸質量，初速，火砲の特性，火砲を設置する地面の状況などによって異なる。この跳起角を垂直方向成分と水平方向成分に分けると，一般に水平跳起角は，垂直跳起角に比し小さく，また垂直跳起角も通常4ミル（0.225°）以下である。水平面と射線とのなす角を射角，発射線と水平面とのなす角を発射角という。射角と発射角との差が跳起角ともいえる。

飛しょう中の弾丸はほとんどの場合，弾軸の方向と弾丸の運動の方向（重心の移動方向，弾道接線という）とは一致しない。弾軸と弾道接線とのなす角を離軸角といい，弾丸が砲口を離れ，弾道が直線と見なされる間の離軸角を初期離軸角という。初期離軸角の発生は，弾丸と砲身内壁とのクリアランスによる弾軸と砲腔軸との不一致，非対称砲口爆風，射撃時の砲口移動などに起因する。

以上，砲外弾道の初期条件として最も重要な初速が仮想の数値であり，射角が実際の発射角と若干異なることは，注意しておくべきことである。弾道計算においては，跳起角を予測できないため，ほとんど射角＝発射角として行っている。

2. 空気抵抗

2.1 真空弾道

　真空弾道とは，空気抵抗を無視し，重力だけが作用する場合を考えた弾道であり，**図6－3**に示すように，放物線となる。実際には，大気中ではない弾道であるが，弾道を理解するのに有効である。弾道基線方向にx軸を，また鉛直方向にy軸をとると運動方程式は次のように書ける。

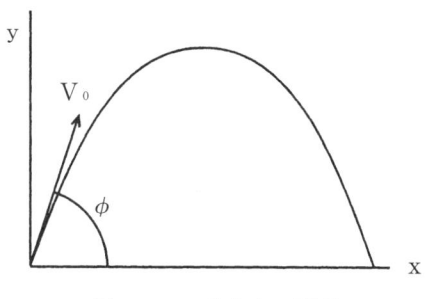

図6－3　真空中の弾道

$$V_x = dx/dt = V_0 \cos\phi \quad\quad\quad (6.1)$$

$$V_y = dy/dt = V_0 \sin\phi - gt \quad\quad\quad (6.2)$$

ここに，tは時間，V_0は初速，ϕは射角，gは重力加速度である。ここから，

$$y = x\tan\phi - gx^2/(2V_0^2 \cos^2\phi) \quad\quad\quad (6.3)$$

$$x = V_0^2 \cos\phi\, t \quad\quad\quad (6.4)$$

となる。

　ここで特徴的なことは，これらの式に弾丸の質量（通常mで示す）が入っておらず，弾道は初速と射角で定まることである。また，最大の射程を得るのは，射角ϕが45°のときである。

　例えば，**図6－4**に示すように，猿が木にぶら下がっているところを猟師が鉄砲で狙っている状況を考える。鉄砲の射線は真っ直ぐ猿の心臓のところを向いている。猟師が鉄砲を射撃した瞬間に猿は，木の枝から手を放してしまった。果たして猟師は猿をしとめることができるだろうか。

　猟師が射撃した瞬間からの時間をtとすると，猿は時刻tで$gt^2/2$落下する。仮に猟師と猿との距離が1,000 m，弾丸の初速V_0が1,000 m/sであったとする

と，空気抵抗を無視すれば弾丸は1秒で猿まで到達し，このとき猿は，4.9 m 木の枝からぶら下がっていた位置から落下したことになる。ところが鉄砲の弾も射線から同じだけ落下するため，結局，猿は弾丸に心臓を貫かれ死ぬこととなる。

猿が木の枝に止まっているなら猟師は猿の上方約4.9 m を狙って射撃しなければならない。

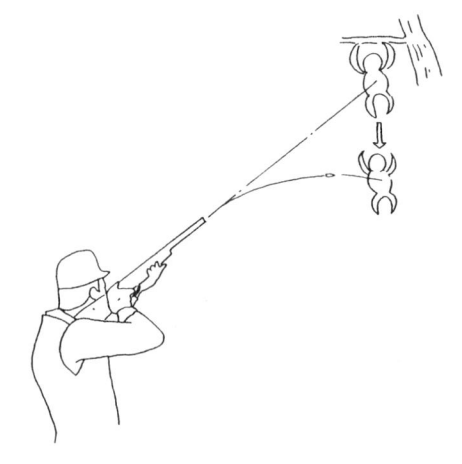

図6－4　猟師と猿

2.2　空気抵抗のある弾道

2.2.1　空気抗力の作用

大気圏を飛翔する弾丸の弾道では空気抵抗を考慮しなければならない。空気抵抗とは，空気による流体抵抗のことである。流れの中に物体をおくと，物体は周囲の流体から力を受ける。これを抵抗という。回転のない球状の物体では，流れの方向に平行な下流向きの力を受けるだけであるが，翼のようなものでは，流れに対して傾いた力も受ける。一般に，物体が受ける力を流れに平行な成分と，流れに垂直な成分に分解して考え，前者を抗力，後者を揚力という。

空気抗力を D とおくと，速度 V との関係は次の式となる。

$$D = \frac{C_D}{2}\rho V^2 A \quad \cdots\cdots\cdots\cdots\cdots\cdots\cdots\cdots\cdots\cdots\cdots\cdots\cdots\cdots\cdots \quad (6.5)$$

ここに ρ は空気密度，V は弾丸の存速，A は弾丸の基準断面積，C_D は抗力係数である。砲弾の場合の基準断面 A は，砲弾の基準直径を d とし $\pi d^2/4$ を使用する。弾丸の大きさや重さが異なっていても形状が相似であれば抗力係数 C_D はほぼ同じである。また，この式は，砲弾だけでなく，飛行機や自動車，ゴルフボールでも使用されている。

さらに砲弾は，

$$D = \rho V^2 d^2 K_D \quad \cdots\cdots\cdots (6.6)$$

のように空気抗力が表わされることもある。ここに $K_D = (\pi/8)C_D$ の関係がある。また，質点弾道では実際の射撃結果と計算との結果を合わせるため，あるいは基準弾丸と若干異なった形状の弾丸を計算するために修正係数（1前後の数値となる）を弾形係数と呼び右辺に掛ける。空気抗力と速度の関係を次に示す。

$$\frac{dV}{dt} = -\frac{D}{m} \quad \cdots\cdots\cdots (6.7)$$

さて，この C_D は，飛しょう体の形状，姿勢および速度に依存する。今は，揚力を無視し，実際の弾道計算では通常行わないが簡単のために C_D を一定とし，$V = dx/dt$ の1次元の式として式(6.5)，(6.7)を解くと次のようになる。

$$V = \frac{V_0}{cV_0 t + 1} \quad \cdots\cdots\cdots (6.8)$$

$$x = \frac{1}{c} \ln|cV_0 t + 1| \quad \cdots\cdots\cdots (6.9)$$

$$t = \frac{e^{cx} - 1}{cV_0} \quad \cdots\cdots\cdots (6.10)$$

ここに $c = \dfrac{\rho A C_D}{2m}$ である。

2.2.2 弾道の計算例

x を射距離で1,000 m，初速を1,000 m/s，弾丸の質量を3.56 g，弾丸の直径を5.56 mm，C_D を0.25，ρ を1.225 kg/m³ と仮定すると，発射から射距離1,000 m までの到達時間は，約1.8秒となり，射距離1,000 m での弾丸の存速は約350 m/s となる。先ほどの猿が木の枝に止まっていたとすれば，弾丸の落下分約15 m だけ猿の上方を猟師は狙う必要がある。なお，実際の弾道では，後に述べるように空気抗力係数は，マッハ1の近辺で大きくなり，弾速は，もっと落ちる。計算の入力諸元は米軍のM16自動小銃の諸元とほぼ同じであり，M16の有効射程は400 m と言われている。

上の式をみると，cが小さいほど速度の減衰が小さいことが分る。基準断面積あたりの質量が大きいほど速度の低下が小さくなる。軽いピンポンボールよりもゴルフのボールの方がよく飛ぶのは，この理屈である。また，相似形状で初速，弾丸密度が同じであれば，弾丸が大きいほど射程が延びる。さらに，質量が同じなら細長い弾丸ほど射程が延びることが推定できる。

2.3 空気抗力に及ぼす因子

抗力係数C_Dと弾速の関係を図6-5に示す。空気抗力Dは，次の3つの諸抵抗からなっている。

①造波抗力（wave drag）：弾底面を除く飛しょう体の外表面に垂直に作用する空気圧力によって生じるので，弾丸頭部，弾丸後部（ボートテイル型またはフレヤー型の場合）および安定翼において発生し，胴体部（円筒部）では発生しない。流速が音速以上であるときに弾丸のエネルギーが衝撃波の発生に消費される。通常の弾丸では，衝撃波はマッハ数0.8～0.9以下では発生しない。

②摩擦抗力（friction drag）：弾丸の前進および回転による空気と弾丸表面

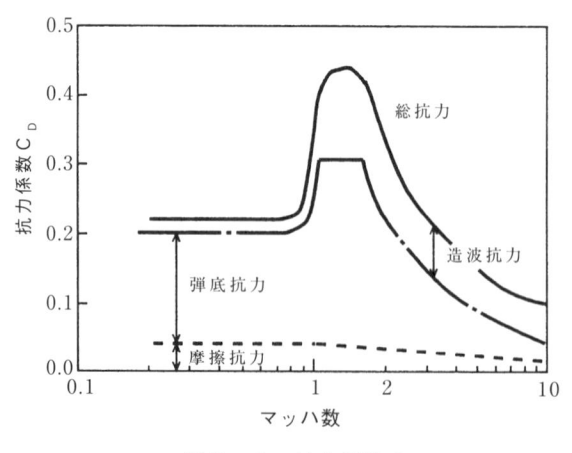

図6-5 抗力係数 C_D

の摩擦による抗力

③弾底抗力（base drag）：弾底部における真空状態の発生による吸引力

したがって抗力係数 C_D は，上記の諸抵抗の抗力係数，すなわち造波抗力係数 C_{DW}，摩擦抗力係数 C_{DF}，弾底抗力係数 C_{DB} の和として求められる。抗力係数を求めるために実験が過去数々行われており，外形形状を入力すれば，速度に応じた諸抵抗の抗力係数を得られる実験式およびグラフが数多く存在する。

2.3.1 弾丸の形状

弾丸が高速で飛しょうする場合，頭部が尖った弾丸の受ける抵抗は，頭部が丸い弾丸よりも小さく，後部が細くなる船尾型（boat tail）の弾丸は，円筒型弾尾の弾丸よりも空気の流れが滑らかで抵抗が少ない。

2.3.2 離軸角

抗力係数を始めとする空力係数は，すべて速度と姿勢の関数である。離軸角（または迎角）を持つ弾丸は弾軸の方向に運動しないから，その基準断面積（横断面積）よりも大きな面積に，空気の抵抗を受ける。すなわち，離軸角が大きいほど減速力は大となる。一般に弾丸は軸対象であるので，抗力係数は，離軸角 α の偶関数として次のように表すことが可能である。

$$C_D = C_{D0} + C_{Da2}\alpha^2 + (C_{Da4}\alpha^4 + \cdots) \quad \cdots \cdots (6.11)$$

実用上，α の 4 次以上の係数を使用することはない。

$\alpha = 13°$ のとき C_D の値は $\alpha = 0$ のときの約 2 倍になり，$\alpha = 2°〜3°$ 以上になると離軸角の影響を考慮すべきである。また，初期離軸角が 5° ある砲弾もしばしば見られる。

2.3.3 摩擦抗力

弾の表面に近接したところでは空気の流れの速度変化が顕著で，それ以外では緩やかである。空気の粘性の効果はこの薄い層内に限られていると考える。この領域を速度境界層あるいは単に境界層という。境界層内では，空気は互いにすべりを起こし，空気の抵抗となる。それによって起こる弾丸表面上のせん断力による表面摩擦が抵抗となる。摩擦抵抗は主として熱伝導の状態，境界層の位置，レイノルズ数 Re（$= Vd/\nu$）およびマッハ数に関係する。ここに ν は

空気の動粘性係数であり，レイノルズ数 Re は慣性力と粘性力の比を示すパラメータである。レイノルズ数が大きいと乱流に，小さいと層流となる。乱流，層流で様相は異なるがレイノルズ数が増加すると摩擦抗力係数が小さくなる。またマッハ数が大きくなると摩擦抗力係数が小さくなる傾向がある。摩擦抗力係数を予測する方法の一例を示す。平板のレイノルズ数に応ずる摩擦係数 C_f を図6−6に示す。この摩擦係数は安定翼の表面に適用され，旋動する弾体の表面の摩擦係数はこれより約15%増加する。摩擦抗力係数は次のように書ける。

本章では砲弾特有と考えられる旋動の影響および旋動安定に焦点を合わせ説明する。

$$C_{Df} = 1.15(C_f)\frac{S_b}{A} \quad \text{（旋動弾の弾体円筒部表面の場合）} \cdots\cdots (6.12)$$

$$C_{Df} = (C_f)\frac{S_f}{A} \quad \text{（翼安定弾の翼表面の場合）} \cdots\cdots\cdots\cdots (6.13)$$

ここに　S_b：旋動弾の弾体円筒部表面積
　　　　S_f：安定翼の表面積
　　　　A：基準断面積

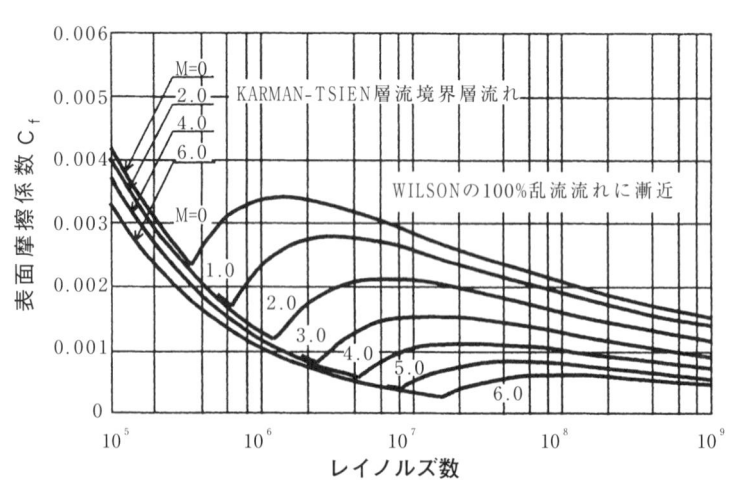

図6−6　平板表面の摩擦係数

2.3.4 衝撃波

抗力係数は，マッハ1近辺を境として大きく値が異なっている。一般に，流れの場を

 0 ≦マッハ数 M＜0.2 非圧縮性流れ
 0.2≦マッハ数 M＜0.8 亜音速流れ
 0.8≦マッハ数 M＜1.2 遷音速流れ
 1.2≦マッハ数 M＜5 超音速流れ
 5 ≦マッハ数 M 極超音速流れ

と区別しており，一般の弾丸は，亜音速から超音速流れの中を飛しょうする。

音を発生する源，例えば飛行機が音の速度より遅い速度で動いているときには，その音は四方八方で聞くことができるが，その速度が音速に達すると音は飛行機よりも前には伝わらず，その飛行機の到達前に爆音を聞くことはできない。さらに速い速度では，飛行機を頂点とする円錐よりも外には音は伝わらなくなる。この円錐をマッハ円錐とよぶ。この円錐の表面には，円錐内部で発生する音や，圧力変化が集積し，急激な圧力変化の壁を作る。その圧力の急変の様子は，爆発の起こったときの衝撃音と似ているので，この圧力を衝撃波と呼んでいる。衝撃波の状態になると，その伝わる速度は音よりもわずかに速くなる。このため，マッハ円錐よりやや広がった円錐面に衝撃波は形成させることになる。

超音速の先駆者エルンスト・マッハは，弾丸のまわりの衝撃波をシュリーレン法を用いて初めて観測したと言われている。

抗力係数の変化は，この衝撃波の成長と大きく関係している。図6－7に砲弾の衝撃波を示す。マッハ0.84では，曲面に沿って局所的に速くなる領域も，壁面の粘性により弱められ，まだ衝撃波は発生していない。マッハ数が上昇すると，弾の表面の一部分では超音速となり，流れが亜音速となる境界面にほぼ垂直な衝撃波（後方に傾かない，流れにほぼ垂直な衝撃波）が発生している。衝撃波より下流では，境界層が衝撃波と干渉し剥離渦を生じている。衝撃波が発生すると，その位置から後の圧力が高くなるので境界層が厚くなり，剥離し

てしまう。このような状態では，衝撃波自体に運動エネルギーが熱として消費されるので抵抗は増える。また，局所的に垂直衝撃波を発生しておりその流れは不安定である。この垂直衝撃波はマッハ数が1に近づくにつれて弾帯位置で発生する。そして弾速が1を超すと，弾の前縁にも衝撃波が発生して，あたかも船が水面を走るときのように，前後に波を引くようになる。この状態になると，弾の近傍は全域で壁面に平行な流れに覆われるので気流は再び安定を取り戻し，垂直衝撃波との干渉による境界層の剥離渦流などは見られなくなる。遷音速においては，空力現象が急変し弾道が不安定となる危険性がある。

(a) M = 0.840

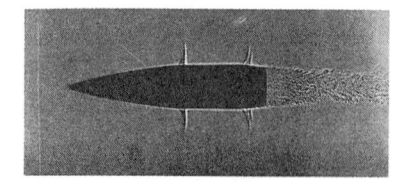

(b) M = 0.900

(c) M = 0.990

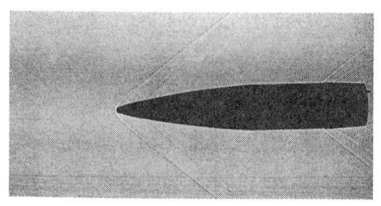

(d) M = 1.992

注) いずれもスパーク・シャドウグラフ。(a)～(c)は、1947年フォン・カルマン研究所撮影。(d)は、1991年防衛庁下北試験場撮影。

図6－7　衝撃波の発生状況

2.4　圧力中心と空気抵抗

旋動安定弾および翼安定弾にかかる外力を図6－8に示す。

飛しょう中の弾丸に作用する外力は，マグナス力を除くと重力と空気抵抗である。重力は弾丸の重心に作用し，空気抵抗は弾丸の圧力中心に作用する。圧力中心は旋動安定弾では，重心の前に，翼安定弾では重心の後ろに位置するのが通常である。空気抵抗の弾道接線成分の分力を抗力D，弾道接線に垂直な成分を揚力Lという。離軸角 $\alpha = 0$ のときは，空気抵抗と抗力は一致する。しかし通常，$\alpha \neq 0$ であるので揚力が発生する。この場合，旋動安定弾では重

砲外弾道（飛しょう体の運動）

(a) 旋動安定弾に作用する外力

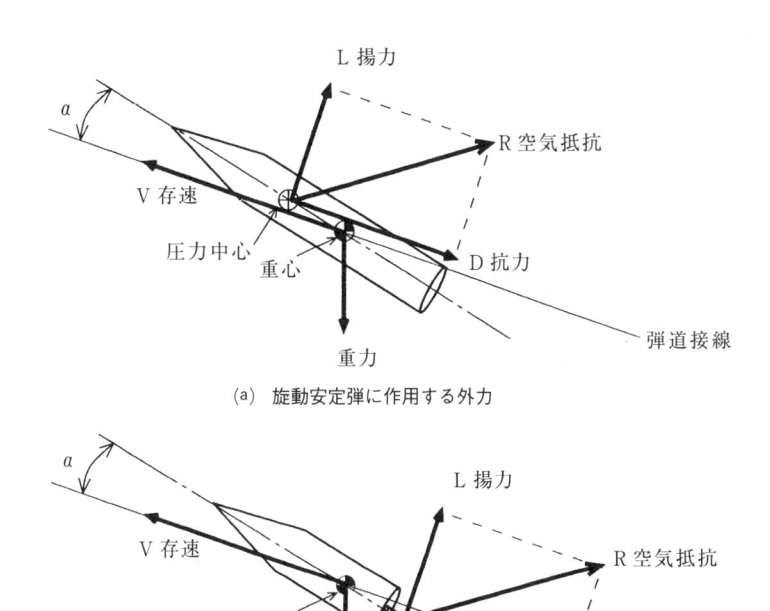

(b) 翼安定弾に作用する外力

図6－8　圧力中心と空気抵抗

心回りに転倒モーメントが生じる。翼安定弾では，逆に離軸角が0となる方向に復元モーメントを生ずる。

また，空気抵抗を分力で表す別の方法として図6－9に示すように弾軸方向の分力を軸方向力（axial force），軸と垂直方向の分力を垂直力（normal force）で表すこともある。

旋動弾においては，転倒モーメントを抑えるため高速の旋転を与えている。旋転は転倒モーメントの力をジャイロ効果による弾軸の振れの復元力でカバーしている。一方，翼安定弾においても，弾丸が飛しょうのばらつきを抑えるために翼を斜めに取り付けるあるいは翼を片側ナイフエッジにするなどしてゆっ

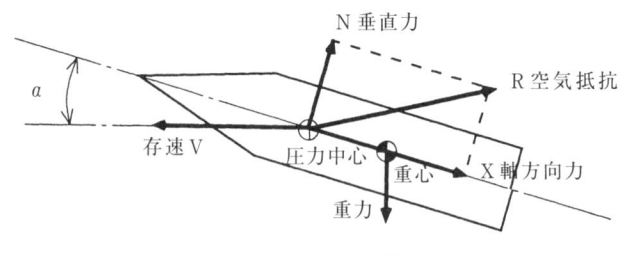

図6-9　垂直力と軸方向力

くりとした旋転をかけている。弓矢においても翼を斜めに取り付けて旋転をかけている。あるいはバドミントンの水鳥のシャトルコックにも旋転がかかるように作っているのと同様である。

3．マグナスの力

　旋動安定弾においては，マグナスの力を生ずる。図6-10に示すように回転のあるボールに気流が当たれば，ボールの回転方向と気流の流れが一致する方向では，気流の速度が速くなり動圧は増える替わりに静圧が低下する。ボールの反対側では逆の現象が発生し，静圧が上昇する。この結果，ボールは気流の流れと垂直な力を受ける。

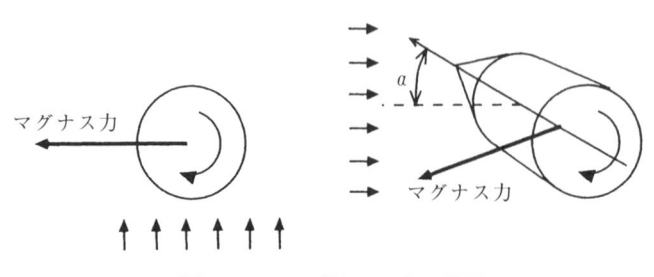

図6-10　マグナスの力の作用

旋動安定弾が弾道接線を含む垂直面で図のように離軸角 α で飛しょうしているとき，マグナス力は左方向に作用する。正確には離軸角 α を含む面に垂直に，弾丸の速度，旋動角速度および離軸角に比例する。さらにマグナス力は概ね重心位置と弾尾の中間に作用するため，マグナスモーメントを生じせしめる。

弾丸は常に落下しているため弾道全体では，やや下方から気流を受けることになり，右旋動弾ではマグナスの力は左に働き，弾道は射線より左にずれると考えられるが，これは間違いである。実際には右旋動弾は，右方向に弾道がずれる。これを理解するためには，「こま」の原理を知る必要がある。

4．弾軸の運動

4.1 歳差運動

旋動弾は，空飛ぶ「こま」ともいえる。高速に回転している「こま」は倒れずに立っており，その弾軸の方向を変えない（ジャイロ効果という）。同様に弾丸も弾軸回りに高速に回転すると，その軸を維持して変えない。これが旋動弾が転倒モーメントが存在しても飛しょう安定を得る理由である。しかし，旋転をただ速くすればよいというものではない。あまりに速い旋転は，弾軸を過度に方向維持し，発射時の弾軸方向をそのまま維持しようとするため，曲射弾道においては，弾底から落下することにもなりかねない。

「こま」が図6－11のようにその軸を斜めにして回すとゆっくりとその頭を振りながら回転する。これが歳差運動である。回転する「こま」の軸の上端を棒で向こう側半径方向に突いてやれば，「こま」が下から見て右旋転していれば，「こま」はその軸を下から見て右側に振るようによける。すなわち，加えた外力の方向より 90° だけ「こま」の回る方向に進んだ方向に軸を傾ける。また，回転速度が小さくなると歳差運動を始めるが，これは，重力が軸を棒で常に突いたのと同様に作用しているが旋転が遅くなるにしたがって弾軸の方向維

持力がなくなるからである。

　弾丸も旋転速度が遅いと弾軸の方向維持力が不足し，歳差運動が大きくなり，離軸角を増大し，空気抵抗を増加する結果となり，さらに離軸角を増加し，ついには弾丸が転倒し，近弾など不規則な弾道となる。通常，弾丸が大きいほど歳差運動の周期は長くなる。また，翼安定弾の方が旋動弾よりも周期が長い。

　歳差運動を起こす外力は，マグナス力を別にすれば重力により落下することで弾道が湾曲し下から

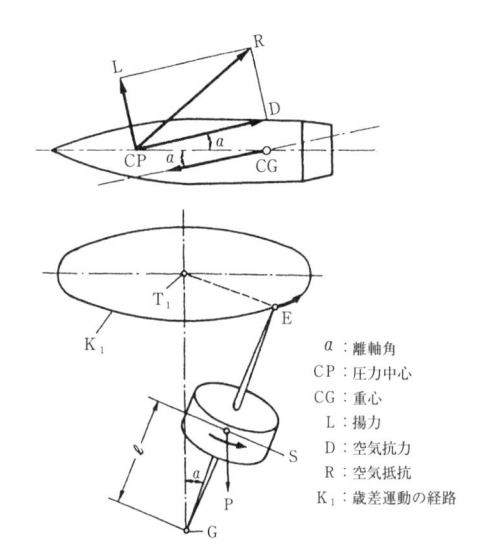

図6−11　歳差運動

上向きに作用する空気抵抗と，歳差運動のため弾軸が弾道接戦と一致しないために生ずる空気抵抗である。この合力は，**図6−12**に示すように弾軸が上向きにずれるときに最大である。このため右旋動弾では外力によって生ずる歳差運

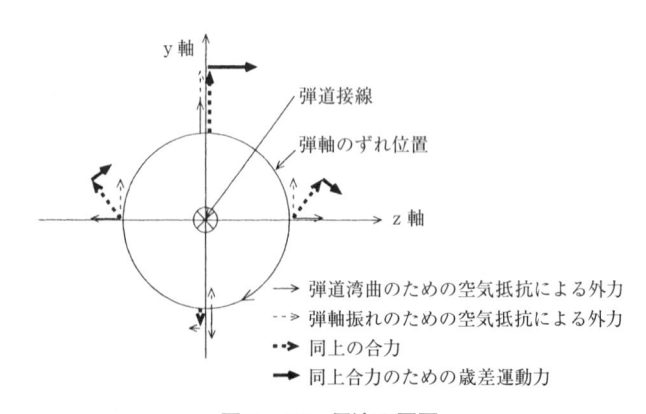

図6−12　偏流の原因

動は，右側に向かうものが最大で軸の振れ
は，次第に右方向にずれ一様の円運動とな
らなくなる。この結果，弾丸の揚力が左右
で右側の方が強くなる。弾道全体で揚力は
右方向に働き，左方向に働くマグナス力よ
りも揚力の方が強く現れ，右に偏流する。

「こま」または弾丸の回転中心が若干ず
れていると**図6－13**に示すように「こま」
の軸または弾軸を細かく速く振りながら回
る。これを章動（nutation）という。章動
は旋回軸が弾軸と一致しないときに発生す
る弾軸の運動である。章動は砲口付近では
比較的大きいが，良く設計された弾丸では，
その後，復元性のため減衰するのであまり問題にならなくなる。

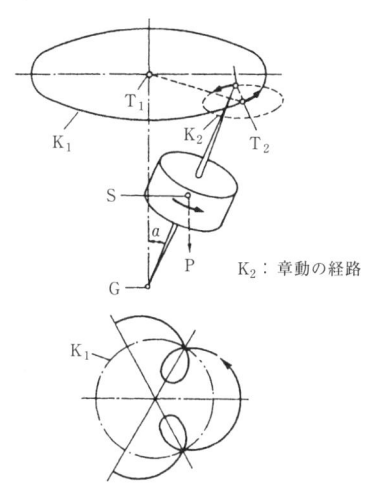

図6－13　章動運動

4.2　安定性

歳差運動で述べたように弾丸の旋転は過度でも過少でも不具合を生じる。弾
軸の方向は絶対に維持するのでなく，弾道接線の方向が変わるにしたがってこ
れに追随して方向を変えることが理想的である。りゅう弾砲においては通常射
角70°を超えると弾道接線の方向に弾軸を追随することが困難になるので弾丸
が最悪の場合転倒してしまう可能性がある。弾丸の旋転速度と弾軸の方向維持
特性との関係については次式で示される。ジャイロスコピック安定係数Sg
（gyroscopic stability factor）が指標となる。

$$Sg = \frac{2I_x^2 P^2}{\pi I_y C_{m\alpha} \rho d^3 V^2} \quad \cdots\cdots\cdots\cdots\cdots\cdots\cdots\cdots\cdots\cdots\cdots\cdots\cdots\cdots\cdots\cdots\cdots\cdots (6.14)$$

ここでPは旋転角速度，$C_{m\alpha}$は縦揺れモーメントの迎角に対する微係数，I_x
は弾軸回りの慣性モーメントであり，I_yは弾軸に垂直な重心を通る軸回りの慣
性モーメントである。Sg＞1のとき安定。Sg＜1のとき不安定となる。

また，弾丸飛しょうの動的安定性については，動安定係数（dynamic stability factor）Sd で示される．

$$Sd = \frac{2(C_{Na} - C_x - \frac{1}{2}\frac{md^2}{I_x}C_{npa})}{(C_{Na} - C_x - \frac{1}{2}\frac{md^2}{I_y}C_{mq})} \quad\cdots\cdots\cdots\cdots\cdots\cdots\cdots\cdots\cdots\cdots\cdots (6.15)$$

ここで C_x は軸力係数，C_{mq} は縦揺れモーメントのピッチング角速度に対する微係数，C_{Na} は垂直力係数の迎角に対する微係数の迎角に対する微係数である．

このとき，動安定の規準は式（6.16）で示され，これを作図すると図6－14になる．

$$\frac{1}{Sg} \leqq Sd\,(2-Sd) \quad\cdots\cdots\cdots\cdots\cdots\cdots\cdots\cdots\cdots\cdots\cdots\cdots\cdots (6.16)$$

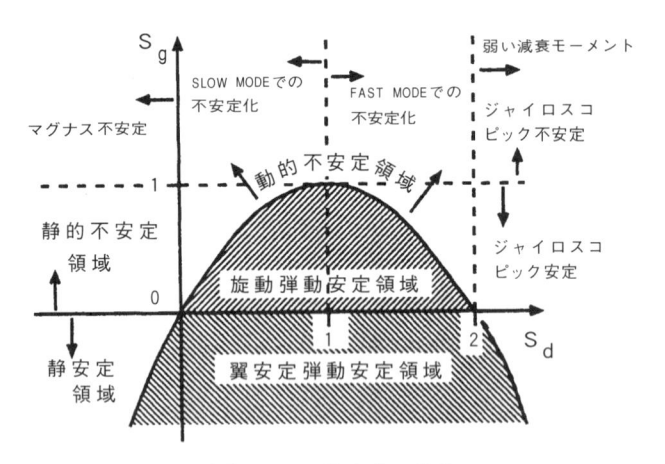

図6－14 動安定の基準

5. 計測技術

5.1 初速測定装置

　初速測定には，ドプラーレーダおよびスカイスクリーンが一般的に用いられている。スカイスクリーンとは，上向きに開けた窓から見える空の明るさの変化を計測して弾丸がその地点を通過した時刻を特定する計測装置である。ドプラーレーダが連続的に存速を計測し初速を求めるに対して，スカイスクリーンは計測点（通常数点）における弾丸通過時刻と距離の関係から初速を求めなければならない。

5.2 弾丸の姿勢計測

　最近では，レンジカメラ，モーションアナライザと呼ばれる電子式カメラが登場し，多重露光することによって，離軸角を求めるには至らないが簡易な弾丸の姿勢を得ることが可能である。正確に弾丸の歳差運動および高次の空力微係数などを取得するには，エアロバリスティックスパークレンジ（シャドウグラフの1種）と呼ばれる計測施設を使う必要がある。この施設は，300 mの弾道計測が可能な施設が防衛省技術研究本部下北試験場に存在するものの，計測点数が同様の諸外国の施設が40点以上あるのにわずかに8点である。

5.3 空力諸係数の計測

　空力諸係数を求める方法は，エアロバリスティックスパークレンジのほかに風洞もある。しかしながら，風洞中の旋動弾の空力モデルに，旋転をあたえることは困難であり，マグナス力，マグナスモーメント，ロール減衰モーメントに関する空力諸係数を求めることができない。

　最近の長距離用ドプラーレーダでは，C_D値を連続的に計測するものもできているが，計測のアルゴリズムをよく調査した上で使う範囲を限定すべきである。

5.4 計算流体力学（CFD）

　計算流体力学の進歩により，薄層近似ナビエ・ストークス方程式あるいは定常完全ナビエ・ストークス方程式を解くことが可能となり，計算機による静的空力諸係数の推定に大きな威力を発揮している。しかしながら，CFD は旋転までを考慮しマグナス力を正確に求めるまでには至っていない。

第7章

終末弾道
（化学エネルギー弾）

1. 終末弾道の概要

1.1 終末弾道とは

　終末弾道とは，弾丸，爆弾，ロケットおよびミサイルの弾頭部などが弾着または破裂したとき，目標に与える損傷，破壊などに伴う効果を含む諸現象を扱う弾道の一分野である。この効果は，大別して①爆風効果，②破片効果，③侵徹効果および④焼夷効果の4つに分けられる。

　一般に，使用する弾薬の種類によりこの効果は異なる。たとえば，本章で述べる化学エネルギー弾に求められる効果は③であるが，①，②および④も若干期待されている。また，運動エネルギー弾には③が，りゅう弾には①および②が求められている。

1.2 化学エネルギー弾の重要性

　独ソ戦やノモンハン事変などの戦訓が示すように敵戦車が出現した極度に緊迫した戦場においては，これを撃破し戦いを勝利に導く原動力は，対戦車砲（戦車砲も含む）である。対戦車地雷なども欠かせないが，それはあくまでも脇役に過ぎない。

　この対戦車砲によって戦車を撃破する方法は，撃った弾を直接戦車にヒットさせ装甲を貫徹する方法であり，使用する弾は，本章で以下に述べる化学エネルギー弾と第8章で述べる運動エネルギー弾（徹甲弾）の2種類に分けられる。

　前者の化学エネルギー弾には「初速が50 m/sのてき弾から1200 m/sの戦車砲弾に至る範囲の種々の火器に適用可能」という特長がある。目標にヒットしさえすれば弾の速度に関係なく目標の撃破が可能だからである。この特長は高初速の火砲にしか用いることのできない徹甲弾に比べて著しく優れた利点である。費用対効果の点から今後益々重視されるであろう低初速が特長の個人携行火器用として欠かせない弾であることから，化学エネルギー弾は今後とも対戦車用弾薬として重視され続けることはほぼ間違いないであろう。それでは，化

学エネルギー弾とはどのような弾であるのか，図や侵徹現象シミュレーション結果を織り交ぜながら述べることにする。

2．化学エネルギー弾の生い立ち

2.1 ヒットラーからの贈物

　化学エネルギー弾は運動エネルギー弾（徹甲弾）とともに対戦車用弾薬として欠かせない弾である。この弾が一般に成形炸薬弾とも呼ばれているのは，成形炸薬弾頭を搭載してきたためである。ただし，対戦車用成形炸薬弾は，通常「対戦車りゅう弾（または HEAT）」という呼ばれ方をする。

　ここで，HEAT とは High Explosive Anti Tank の略である。

　成形炸薬弾頭とはドイツが第2次世界大戦中に，すでに知られていた「窪みを付けた炸薬前面側に鋼板を設置し，炸薬の後面側から起爆すると炸薬から生成した高速のガス流によって鋼板が深く穿孔される現象」，すなわち「モンロー効果（ノイマン効果，ホロー・チャージ効果，成形炸薬効果のいずれとも言われる）」を低初速の火器から発射できる対戦車弾薬用弾頭として開発に成功した弾頭である。1942（昭和17）年春に，ヒットラーの贈り物としてメラニー少佐がはるばる携行し日本に伝授された。

　早速，秘匿名「タ弾」のもとに研究が行われ，個々の弾丸について実験的にその寸法を決めようとしたが一定の設計基準を求めるに至らず終戦を迎えた。「タ弾」は「穿孔りゅう弾」とも呼ばれた。

　しかし，驚異的な威力のある成形炸薬弾頭を発明したのは，スイスの発明家ヘンリー・モウプトである。彼は1930年代に成形炸薬弾頭の現在の姿である炸薬の中空部に金属製ライナを取り付けてガス流の代わりに金属ジェットを発生させる方法で格段の威力が得られることを発見した。この成果は米英の注目するところとなり，遂には，ヒットラー第3帝国の強力な戦車を破壊に導いた。

　この弾頭が理論的に研究されたのは，第2次世界大戦後であり，米国の陸軍

弾道研究所（BRL）が果たした役割は極めて大きい。朝鮮戦争で威力を発揮した3.5インチバズーカ砲（弾も含む）はその大きな成果の一つである。

2.2 死亡事故と EFP 弾頭

　化学エネルギー弾の仲間として，最近新たに登場したのが EFP 弾頭である。このため化学エネルギー弾は成形炸薬弾頭搭載の弾と EFP 弾頭搭載の弾に分けられることになった。

　ここで，EFP とは Explosively Formed Projectile（爆発成形弾）の略である。EFP 弾頭の歴史は米国の物理学者ウッドが，あるミステリアスな死亡事件の解決のために呼ばれた時に始まった。レポートによると，オーブンの火加減を見ようとのぞき込んだある若い婦人の胸に火の中から飛び出してきた幾つかの金属片が当たり，極めて短時間のうちに死亡した。検屍中に発見された銅球（致命傷の原因）は，偶然火の中に落ちたキャップが炸裂した結果生じたものであるとウッドは推定した。この銅球はキャップの凹んだ部分に裏打ちされた銅のシートから形成されたものと判断した。

　炸薬の量を変化させつつ行った一連の実験の結果，キャップは飛翔中に変形し，事故後に発見された銅球と似たものになった。速度は1,800 m/s と推定された。しかし，この EFP 生成のプロセスを体系的に解明したのはハンガリーのミズネ大佐とドイツ陸軍の兵器担当のシャルダン技師であった（1943（昭和18）年）。EFP 生成の現象が「ミズネ・シャルダン効果」といわれるゆえんである。

　この現象は，発見後長い間忘れられていたが，1980年代に入ってからエレクトロニクス技術の発達とあいまって目標検知技術が急速に発達したため感知対装甲弾（米国の SADARM，スウェーデン BONUS，ドイツの SMArt などでいずれも研究開発が行われた）用の弾道として，にわかに脚光を浴びることになった。

3. 化学エネルギー弾とは

3.1 化学エネルギー弾の定義

化学エネルギー弾とは，現時点では『主として対戦車用弾薬として成形炸薬弾頭または EFP 弾頭を搭載した弾である』と定義できる。

図7－1に化学エネルギー弾の一例として対戦車りゅう弾を示す。対戦車りゅう弾は成形炸薬弾頭を搭載した弾である。目標に当たると，スパイクノーズ先端に取り付けられた圧電素子の電気信号によって，弾頭底部に取り付けられた信管が瞬時に起爆し，生成ジェットによって目標にダメージを与える。

3.2 成形炸薬弾頭の定義

成形炸薬弾頭とは『炸薬（砲弾，爆弾，地雷などに装填するための爆薬）に付けた窪みに，これに合う漏斗形状の金属ライナをはめた弾頭である。この弾頭を後方にある起爆点で爆発させると金属ライナの崩壊に伴って金属の高速流が形成され，これが棒状の集団となって弾頭軸に沿って進行する。これはジェットと称し，このジェットは厚い金属装甲を侵徹する』と定義できる。

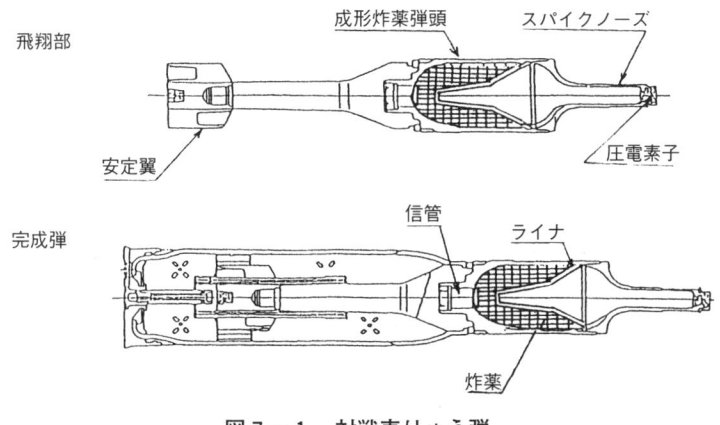

図7－1　対戦車りゅう弾

3.3 EFP 弾頭の定義

EFP 弾頭とは『炸薬に付けた窪みに，これに合う碗形状の金属ライナをはめた弾頭である。この弾頭を後方にある起爆点で爆発させると，金属ライナは変形し，1個の弾丸状の塊に鍛造され，弾頭軸に沿って高速で進行し，金属装甲を貫徹とする』と定義できる。この現象が「ミズネ・シャルダン効果」である。

図7－2に成形炸薬弾頭と EFP（爆発成形弾）弾頭を示す。両弾頭の差は爆発前はライナ形状の違いにあり，爆発後は生成されるものがジェットと EFP の違いにある。

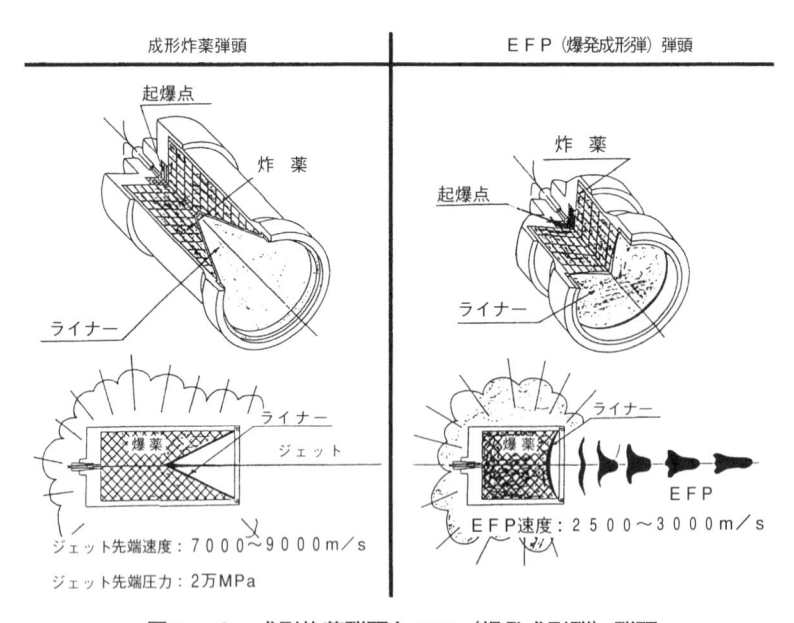

図7－2　成形炸薬弾頭と EFP（爆発成形弾）弾頭

4．化学エネルギー弾を取り巻く現況

4.1 脅威である複合装甲・反応装甲の出現

　1970年代に入り，英国のチョバムアーマーに代表される複合装甲（防弾鋼板やセラミックス板などを積層した強化装甲）の出現とともに，成形炸薬弾の威力向上が急務となった。また1970年代後半に成形炸薬弾にとって，もう一つの脅威として出現したのが反応装甲である。これは炸薬の薄板を2枚の金属の薄板でサンドウィッチした構造の薄板である。主装甲の上に取り付けることによって，成形炸薬弾頭から生成されるジェットを切断あるいは拡散し，成形炸薬弾頭を無力化し，ジェットによる主装甲貫徹の防止を目的とした付加装甲（主装甲への付加専用の装甲）である。

　成形炸薬弾頭は，日進月歩を続けている複合装甲および反応装甲にどのように対応して行くかが大きな課題となっている。目下成形炸薬弾頭の威力向上はこの方向に沿って進められているといっても過言ではないであろう。

　図7－3に反応装甲により阻害される成形炸薬弾頭のジェットを示す。生成ジェットは反応装甲の爆発によって切断あるいは拡散され無力化されるために，ジェットによる主装甲の貫徹が阻まれる。この図では，反応装甲は一枚であるが，これが二重三重に多層化されようとしており，今後の対応を一層難しくしている。

4.2 注目されるトップアタック（上面攻撃）

　戦闘車両の脆弱部である上面装甲を貫徹する攻撃法をトップアタックという。近年この攻撃法が

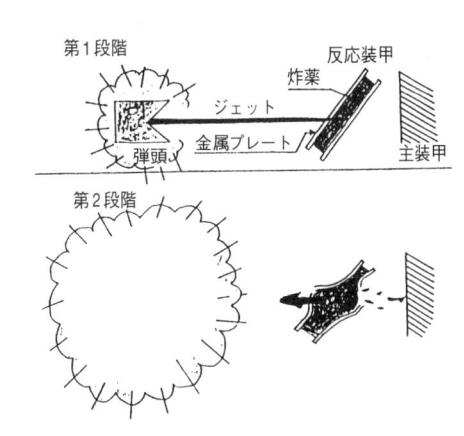

図7－3　反応装甲により阻害を受ける成形炸薬弾頭のジェット

注目されるゆえんは正面装甲の強化が著しいのが理由の一つであるが，主な理由は上面攻撃の技術的見通しが得られたからである。おおよそであるが，上面装甲は正面装甲の10分の1くらいの強度しかないのでトップアタックが有利だからである。

トップアタックには戦闘車両の30～150mの上空でEFP弾頭を爆発させ，射出したEFPにより上面装甲を貫徹する方法（感知対装甲弾による方法）と戦闘車両の上面至近距離を水平飛行中の誘導弾から成形炸薬弾頭またはEFP弾頭を爆発させ上面装甲を貫徹する方法（オーバフライ方式といわれている）の2種類がある。

これらの弾の技術的に難しい所は，如何に目標に向けてタイミングよく弾頭を爆発させるかにあり，そのためには目標検知装置に関して極めて高度の技術取得が必要である。この目標検知装置の技術は先端技術の中でも特に最先端のものであり，列国とも精力的に研究に取り組んでいるのが現状であるが，すでにオーバフライ方式ではスウェーデンが解決しており，感知対装甲弾についてはほぼ，各国は解決を終了したといわれている。

5．成形炸薬弾頭の基本特性

5.1 起爆から装甲貫徹の概要

成形炸薬弾頭が起爆から侵徹に至る行程の概要は次のとおりである。

A：起爆点で起爆するとライナが崩壊し，ジェットが生成される。

B：生成されたジェットは弾頭中心軸に沿って高速で進行する。

C：前方に置かれた装甲を侵徹し貫徹する。

以下に示す9つの事項は，各行程A，B，Cに関連する重要な特性である。

① ライナの崩壊とジェット生成（A関連）
② 生成ジェットの特性と侵徹メカニズム（A，B，C関連）
③ ジェット・スラグ速度およびジェット化率（A関連）

④ ジェット生成後のジェットの挙動（B 関連）
⑤ ジェット長と侵徹長の関係（C 関連）
⑥ ライナ開角42度が最適なわけ（C 関連）
⑦ 侵徹長とスタンドオフの関係（C 関連）
⑧ 弾頭の軸周りの回転速度と侵徹長の関係（C 関連）
⑨ 衝突角（撃角）（C 関連）

図7－4に成形炸薬弾頭の起爆から装甲貫徹終了までの概要を示す。

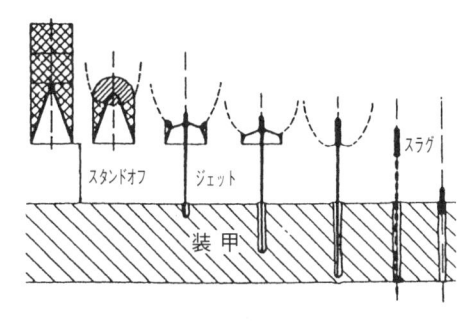

図7－4　成形炸薬弾頭の起爆から装甲貫徹終了までの概要

5.2　基本的諸特性
5.2.1　ライナの崩壊とジェット生成

　成形炸薬弾頭の起爆は弾頭の後部から生じることを特徴とし，爆轟（爆発のうち火炎の伝播速度が音速を超える場合の爆発）波はライナのアペックス部からベース部へと進行する。ライナの崩壊に伴って，ライナは侵徹に寄与する高速のジェットと寄与しない低速のスラグに変わり，前方はジェット，後方はスラグとなる。ジェット生成の完了はスラグ先端が弾頭前面に達した段階である。ジェットは金属の微粒子から成り立っており，その温度は核物理学の分野における超高温プラズマのような高温ではなく，約800℃である。

5.2.2　生成ジェットの特性と侵徹メカニズム

　ライナの崩壊に伴って生成されたジェットの径は弾頭の口径によって異なるが，おおよそ2～5 mmであり，先端速度は7,000から9,000 m/sに達する。その先端圧力は標的鋼板の降伏点をはるかに超え2万MPaにも達する。

　このような超高圧の状況下ではジェットも鋼板もともに液体のような挙動を示し，液体のジェットが液体の鋼板の中に何の抵抗もなく侵入して行くような現象が生じる（第1次侵徹）。ジェットの侵徹威力は標的の強度に関係がなく

なるからである。しかし後述するように，侵徹威力はジェット先端に比べて低速のジェット尾部の力によっても左右される（第2次侵徹）。この総合の結果として，鋼板に対するジェットの侵徹長は，理論上薬径の約12倍まで期待できるが，実際には，その1／2～2／3である6から8倍の厚さの鋼板的を侵徹する。侵徹孔の径はジェット径の3～5倍である。ジェットが貫徹しない場合はさらに太くなる。これは侵徹中に後方に跳ね返されるジェットによって鋼板がさらに削り取られるためである。成形炸薬弾頭のこの一連の起爆からジェット生成を経て標的貫徹までの行程は，約100μs（1万分の1秒）の至短時間内に生じる現象である。

ただし，ジェットの侵徹威力が有効なのは弾頭が起爆した後，弾頭と標的の間の距離が弾頭の径の高々10倍までの距離の範囲である。

5.2.3　ジェット・スラグ速度およびジェット化率

ライナ開角の増加とともにジェット速度は減少し，スラグ速度は増加する。これは，ライナ開角の増加とともにジェット長が短くなることをも意味する。

また，ジェット化率もライナ開角の増大とともに増加するが，成形炸薬弾頭の場合，一般に，ライナ開角は30～60度が使用範囲であり，この範囲内ではライナの高々20％しかジェット化しないことが分かる。残りはスラグである。

なお，ここでは，炸薬の爆速を7,500 m/sとして算出したが，この値を変えても以上の傾向に変わりはない。

5.2.4　ジェット生成後のジェットの挙動

ジェットは先端の速度が高く，後端の速度が低い（3,000～5,000 m/s）ので時間の経過とともに伸長して行く。ジェット先端が薬径の約10倍くらいの距離に達するまでジェットは切れないが，その後はブツブツ切れた状態（破断）になって進行して行く。切れ始める直前のジェット長は通常弾頭の径の5～6倍である。ジェットが侵徹威力を有するのはジェットにこのような破断が生じない段階までである。

5.2.5　ジェット長と侵徹長の関係

図7－5にジェット長と侵徹長の理論的関係を示す。侵徹長はジェットの長

終末弾道（化学エネルギー弾）

さに比例する。したがって，侵徹長を増加させるためには，ジェット長を増加させればよい。ただし，ジェットの破断が早期に生じないという条件が必要である。

5.2.6 ライナ開角42度が最適なわけ

一般に，円錐形の銅ライナを使用する弾頭では，ライナ開角は42度が選ばれる。これは，過去行われた多くの実験からジェット速度，ライナのジェット化率，ジェットの破断が早期に生じにくいなどの兼ね合いからジェット長が最大になり，結果として侵徹長が最大になることが確認されているからである。

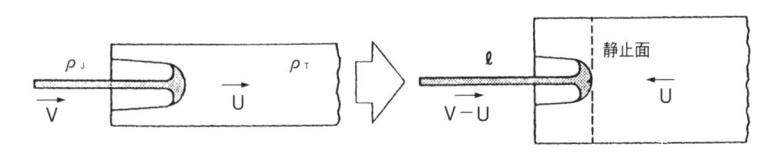

ジェット侵徹状況　　　　　標的が侵徹速度Uで移動していると見なす

ここで、　P：侵徹長
　　　　　ℓ：ジェット長
　　　　　V：ジェット速度
　　　　　U：侵徹速度
　　　　　ρ_T：標的の密度
　　　　　ρ_J：ジェットの密度

$\frac{1}{2}\rho_J (V-U)^2 = \frac{1}{2}\rho_T U^2$ であるから

$$\frac{U}{V-U} = \left[\frac{\rho_J}{\rho_T}\right]^{1/2} \quad \cdots\cdots① $$

侵徹時間＝ジェット長÷（ジェット速度－侵徹速度）

$$= \frac{\ell}{(V-U)}$$

侵徹長＝侵徹速度×侵徹時間

$$P = U \times \frac{\ell}{(V-U)}$$
$$= \frac{U}{V-U} \ell \quad \cdots\cdots②$$

①と②から
$$P = \ell \left[\frac{\rho_J}{\rho_T}\right]^{1/2}$$

図7－5　ジェット長と侵徹長の理論的関係

後述するように，ライナの加工技術が進歩した結果，現在では，さらにジェット長を長くするために曲率を持ったライナが使用されるようになっている。ライナ開角42度の歴史は古いが，この数字は依然として尊重されていることに変わりはない。

5.2.7 侵徹長とスタンドオフの関係

弾頭と標的との距離（スタンドオフ）は，その侵徹効果に大きな影響を与える。一般に，スタンドオフが薬径の3～6倍の範囲にあるときに侵徹長は最大値をとる。3倍未満の場合は，ジェット生成未完成のため，また，6倍を超えるとジェットが破断領域に入るため，ともに，侵徹長が最大値を示すことはない。

5.2.8 弾頭の軸周りの回転速度と侵徹長の関係

図7－6に弾頭の軸周りの回転速度と侵徹長の関係（一例）を示す。回転速度の増加とともに，侵徹長が減少する傾向が見られる。弾丸は一般に飛翔中，軸周りに回転するので，標的に当たる瞬間も回転しており，生成ジェットに対して回転による遠心力が働くために，ジェットが太く，短くなるので，このような傾向が見られるものと考えられている。ただし，ライナ材料・形状が同じであれば，侵徹孔の容積はほとんど変わらない。

5.2.9 衝突角（撃角）

図7－7に成形炸薬弾が標的へ衝突する状況を示す。成形炸薬弾の標的への衝突角，すなわち，弾頭の軸と標的の表面のなす角度（撃角）によって，目標表面に垂直の方向の侵徹長は次の式による。

$$Pe = Pj \cdot \sin\theta$$

ここで，Pe：有効侵徹長（面に垂直）

　　　　Pj：ジェットの侵徹長

　　　　θ：撃角

撃角θがある値より小さくなる（限界角という）と侵徹長は著しく減少し，1回毎にばらついた結果が出るようになる。

限界角には，次のような法則がある。まず第一に，弾体の形が変わると限界

終末弾道（化学エネルギー弾）

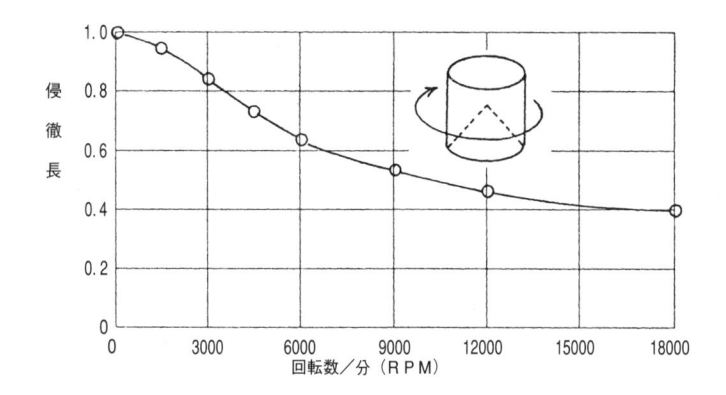

(備考)
・回転数／分が0のときの侵徹長を1.0とする。
・使用弾頭：鉄製円錐形ライナ使用の弾頭（口径不明）
・スタンドオフ7．62cm
・Sampooran Singh Ministry of Defence India "Penetration of Rotating Shaped Charge"から再編集した。

図7－6　弾頭の回転数と侵徹長の関係（一例）

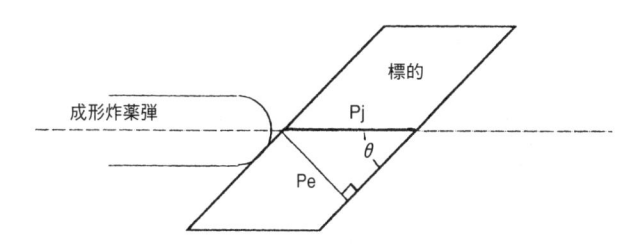

図7－7　成形炸薬弾が標的に衝突する状況

角が変わる。第二に旋転弾よりも有翼弾（無旋転弾）の方が限界角が大きい。第三に重い弾体よりも軽い弾体の限界角が大きい。

5.3　成形炸薬弾頭の研究

成形炸薬弾頭の威力向上のためにライナ形状および材料に関して以下のような方向で研究が行われている。

5.3.1　ライナ形状

ライナの形状はコニカル（円錐型）に限定して説明したが，実際には各種幾

何学的形状のライナが研究され,実用化されてきた。アペックス部付近から生成されるジェットを高速に,ベース部付近から生成されるジェットを低速にする方法を採用し,この結果としてジェット長を長くし侵徹長を伸ばす方法(トランペット型やデュアルコーン型)が現在の主流である。

また,反応装甲を付加した装甲の撃破に有効な弾頭としてタンデム弾道が現在注目されている。なお,主弾頭,先駆弾頭ともにライナは便宜上コニカル型(円錐形)で示したが,これに限定するものではない。

図7-8はタンデム弾頭による反応装甲の無力化と主装甲の貫徹(一例)を示す。

タンデム弾頭は先駆弾頭と主弾頭が一体となった弾頭である。先駆弾頭から生成したジェットによって反応装甲を無力化し,主弾頭から生成したジェットによって主装甲を貫徹する。この一連の作動は $50 \sim 100 \mu s$ 以内で生じる。

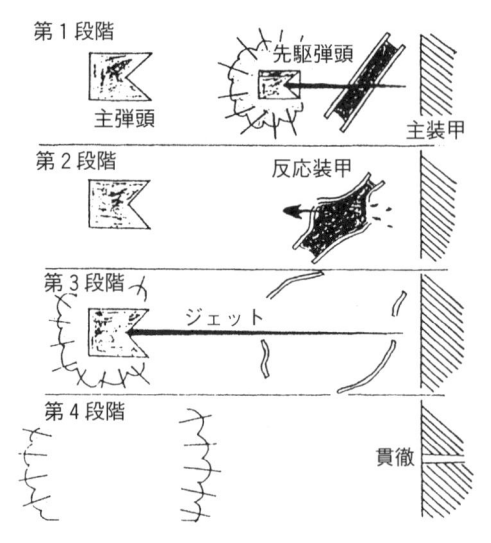

図7-8 タンデム弾頭による反応装甲の無力化と主装甲の貫徹(一例)

5.3.2 ライナ材料

ライナ材料は標的への侵徹に極めて大きな影響を与える。重要と考えられるライナ材料の物理的性質は密度,展性および融点である。ジェットの侵徹威力はジェットの密度に密接に関係し,現時点ではライナの密度に等しいとして扱っているが,厳密には今後の研究成果を待つ必要がある。

ライナ材料に対し高い展性が要求される理由は,ライナが崩壊した後に生成ジェットはライナのベース部に引っ張られるために,ジェット尾部の長さが増

し，そのためにジェット全体として侵徹威力が高まるからである。また，ジェットが生成してから消滅するまでの時間をある程度長くすることができれば，ジェットとの侵徹威力は増大する。この伸長能力は金属学的特性に左右される。銅はこの点で優れている。

このように，延長能力を持ち高密度を持ったライナが目標物侵徹にも最も有効である。

ライナ材料は現在銅が主流であるが，近年タングステン合金（密度約17）が注目され始めている。しかし，コストの面から引き続き銅が主流であることに変わりはないものと考える。

5.4 設計上の制約事項・留意事項

表7－1に成形炸薬弾頭の弾頭設計上の制約事項・留意事項を示す。成形炸薬弾頭を設計する際には，基本的な制約事項および留意事項がある。この中でも特に気を付ける必要がある事項を列記する。

5.4.1 炸薬の弾底側高さ

炸薬の弾底側高さが不十分であったために，期待どおりに侵徹威力が得られないことが多い。薬径を Dc とすると，5／8～3／4 Dc が下限であり，上限は1.5Dc であることを厳守する必要がある。

5.4.2 炸薬の選定

戦車砲用の成形炸薬弾に鋭敏な炸薬を使用すると弾丸が砲腔内を移動中に発射衝撃で爆発（腔発）を起こす恐れがある。オクトールなどの鋭敏な炸薬は発射時の衝撃が低い誘導弾には搭載するが，砲弾には搭載しないのはこのためである。

5.4.3 ライナ肉厚

ライナの最適厚さはライナ開角・材料，弾殻材料によって異なる。一般に，弾殻の壁が厚い場合は，やや厚いライナが必要である。しかし，種々の研究から，ライナの最適厚は次式で示される。

表7－1　成形炸薬弾頭の弾頭設計上の制約事項・留意事項

炸　　　薬	ラ　イ　ナ	そ　の　他
① 炸薬の選定 　一般に，炸薬の爆速及び炸薬の密度が高くなると，生成ジェットの圧力が高くなり，この結果，侵徹威力が高くなる。 　これは，次の式による。 　　$P = 0.25\rho \times D^2 \times 10^{-5}$ 　ここで 　　P：ジェットの圧力（kbars） 　　ρ：炸薬の密度（g/cm³） 　　D：炸薬の爆速（m/s） 　しかし，発射衝撃の高い砲弾には衝撃に敏感に作動するオクトールなどの使用は避ける必要がある。（下表各種炸薬参照） 各種炸薬 | 炸薬の名称 | 炸薬の密度(g/cm³) | 炸薬の爆速(m/s) | ジェットの圧力(kbars) | |---|---|---|---| | LX-1 | 1.84 | 8830 | 358 | | オクトール | 1.80 | 8300 | 310 | | Comp B | 1.72 | 7900 | 286 | | ペントライト | 1.67 | 7470 | 233 | | TNT | 1.61 | 6800 | 186 | ② 炸薬の弾底側高さ 　1 Dc（Dc：薬径）が安全であるが，5/8～3/4 Dc が限界である。 　ただし，1.5 Dc 以上にしても弾頭性能には関係がない。 ③ L／Dc 　弾頭長 L については1.3～1.8 Dc の範囲で考える。	① ライナ肉厚 　0.01～0.06 Dc 　　　（Dc：薬径） ② アペックス角 　30～120度 　小さいとジェット先端速度が高くなり，ジェットの質量は小さくなる。 　大きいとジェット先端速度が低くなり，ジェットの質量は大きくなる。 ③ コニカル（円錐形）ライナでは，侵徹長はライナの径に比例する。 ④ ライナは炸薬径にできるだけ近づける。	① 弾頭径 　1インチ以下は弾頭の組み立てが困難 　12インチ以上は炸薬のてん薬が困難 ② 弾殻厚さ 　一般に0.1 Dc を目安とする。 ③ 侵徹エネルギー 　炸薬の持つエネルギーの10～20％ ④ 侵徹威力を損なう以下の注意すべき要因 ・ライナのベース部付近の気泡の存在 ・ライナの軸と炸薬の軸が0.5度以上ずれているような不正確な組立（1.7度で侵徹長は10％減少する） ・ライナの内側キャビティ（空洞）に異物の存在

$$T = k \cdot \sin(\alpha / 2)$$

　ただし，T；ライナ最適厚さ

　　　　α；ライナ開角

　　　　k；比例定数（$\alpha <$ 45度のときは，やや大きく定める）

　この結果，ライナの最適厚さは薬径の約0.01から0.06倍にしなければならないということが判明した。一般に，ライナの厚さが増すと侵徹孔の直径はより

小さくなる．また，弾殻はジェットの性質に若干影響するが，侵徹には貢献しない．

6．EFP 弾頭の特性

EFP 弾頭については，その起爆から上面装甲貫徹に至る各行程について，下記の諸特性の理解が必要である．

6.1 行程の概要・重要事項
EFP 弾頭が起爆から侵徹に至る行程の概要は次のとおりである．
D：起爆点で起爆するとライナが崩壊し，EFP が生成される．
E：生成された EFP は弾頭中心軸に沿って高速で進行する．
F：前方に置かれた装甲に侵徹し貫徹する．
以下に示す3つの事項は，各行程 D，E，F 関連の特に知っておきたい重要な特性である．
① EFP 生成状況（D 関連）
② ライナ開角と EFP 生成（D，E 関連）
③ ライナ材料・形状と EFP 形状（D，E，F 関連）

6.2 基本的諸特性
6.2.1 ライナの崩壊と EFP 生成
EFP 弾頭が爆発すると約2万 MPa の圧力が生じる．炸薬がライナを包みこむように覆っている成形炸薬弾頭の場合と異なり，ライナはジェット化せず，爆轟波のアプローチの方向にその強さに相当する変形を受け，一個のピースとして射出される．これが EFP である．

その初速は，2,500から3,000 m/s に達し，通常，薬径の約1,000倍の距離にある薬径の約1倍の鋼板を貫徹できる（薬径が10 cm であれば EFP の質量は約

200gとなり，100m先の10cmの鋼板を貫徹する。通常の弾丸であれば，貫徹長は高々3cmである)。このように高い侵徹威力が得られるのは，EFPの速度が通常の弾丸の3～4倍になり，この結果として運動エネルギーが9～16倍に達することになるからである。

また，EFPは薬径の1,000倍の距離を飛翔しても，薬径の10倍四方の標的に命中することが期待されているが，列国ともさらに狭い領域に命中するよう精力的に努力を重ねているようである。

このように，EFP弾頭が成形炸薬弾頭と大いに異なる点は，生成されたEFPの命中精度を確保する必要があるとともに，さらに侵徹威力の向上を図る必要があり，成形炸薬弾頭にはない難しさを抱えている。

侵徹威力を向上するため，現在，径が細く長さの長い，いわゆるロングロッド化が叫ばれている。これは，徹甲弾の場合のL/Dを高めるのと同じ効果を期待している。また，飛翔の安定性の向上により命中精度を高めるため，EFPの形状は後部にスカートのあるフレア型が有効と考えられている。フレアは翼安定徹甲弾の翼と同じ効果を持つからである。

EFP弾頭は30～150m前後の近距離目標の撃破に有効である。高々数m以内の至短距離にある目標の撃破のみに限定される成形炸薬弾頭にはない利点を有している。しかも，感知対装甲弾に使用した場合，上空から射撃すると同じ効果が期待できるので敵に与える心理的効果は量りしれない。

6.2.2 ライナ開角とEFP生成

ライナ開角が増大するにつれて，ジェット速度は減少し，スラグ速度が増大する。この傾向は，ライナ開角が80度以下の範囲のものにも当てはまる。ここで，特に，注目すべき点はライナ開角が130度あたりから，ジェット生成が次第に困難になり，160度になると完全にEFP生成に限定される点である。この範囲ではEFP化率はほぼ100%になる。

図7－9にEFP生成行程のシミュレーション結果（一例）を示す。起爆後至短時間内にライナはEFPに変形する。この変形を終了するまでのEFPの飛翔距離は弾頭径の約10倍である。

終末弾道（化学エネルギー弾）

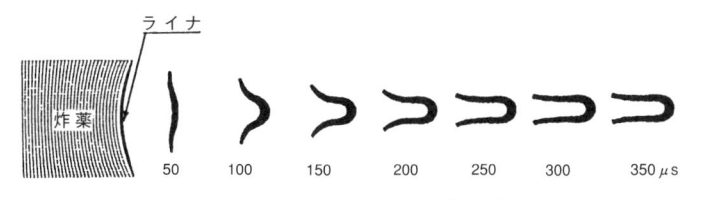

図7－9　EFP生成状況（一例）

6.3　EFP弾頭の研究

EFPは命中精度が高く，かつ侵徹威力が高いことが要求される。現在，EFP弾頭の性能向上のために以下の方向で研究が進められている。

6.3.1　ライナ材料

ライナ材料としては，比重が16.44と高く，かつ，成形性もよいタンタルが最も注目されている。しかし，タンタルはレアメタルであり，キログラム当たり数万円（1995（平成7）年時点で8万円）と高価であるため，安価な鉄や銅ライナなどを中心に研究されている。

6.3.2　EFP形状

EFPの形状には棒状型，ボール型，フレア型などがあるが，フレア型が最も注目されている。そして現在では，さらに細く長いフレア型（ロングロッド型）のEFP生成に向けて研究が進められており，EFPの長さ／径が3の時代から一気に5の時代に突入している。

6.4　設計上の制約事項・留意事項

EFP弾頭の威力向上にはどのような要素技術の解明が必要であるか，弾頭設計上どのような制約事項・留意事項があるかについては，成形炸薬弾頭の場合と重複する点が多いが，以下に述べるようなEFP弾頭ならではの基本的な特性を念頭において設計を進める必要がある。

(1)　EFPは可能な限り高速を有し，可能な限り細長く，コンパクトで高質量であること。

(2) EFP は，飛翔中の速度損失が少なく，かつ命中時に傾きがないようにする。

しかし，EFP 弾頭については，まだ歴史も浅く成形炸薬弾頭に比べてこれからさらに検討を進めて取得して行かなければならない技術がたくさん残されている。諸外国の文献を見ても，肝心なところはまだカットされているのが現状である。

7. ライナ崩壊の数値シミュレーション

7.1 数値シミュレーションの誕生

爆薬によってライナが崩壊しジェットや EFP が生成したり，これらによる破壊などの高速衝撃現象は解明の困難なテーマであったが，1960年代の後半から米国を中心とし，高速衝撃に関する動力学的応答理論（連続体力学）の確立に努力が向けられ，特に，Wilkins がこれに基づいた画期的な数値シミュレーション HELP を発表して以来，数値シミュレーションによって相互作用を記述するコード HELP，PISCES および AUTODYN などが競って開発され，利用されるようになった。

7.2 数値シミュレーションの利点

従来，爆発現象の解析は，実験による手法が主流であったが，数値シミュレーション手法の出現の結果実験量は数値シミュレーション結果を確認する程度の少量にとどめることが可能になった。例えば，
(1) ライナの開角や厚さを変えたらどのような形状のジェットあるいは EFP が生成されるか。
(2) 爆薬の性質を変えたらどのような形状のジェットあるいは EFP が生成されるか。
(3) 弾頭の長さを変えたらどのような形状のジェットあるいは EFP が生成

されるか。
などの検討が縦横無尽に行えて，実験はその中の一部を取り上げて実施し，確認するだけにとどめることが可能になった。

7.3 今後の数値シミュレーション

現在，数値シミュレーションは2次元コードを使った解析が主流であるが，コンピュータの容量と演算速度の増加に伴い，今後は3次元解析が主流になると考えられる。

図7-10にEFP弾頭からEFPが生成される状況を示す3次元数値シミュレーション（一例）結果を示す。2次元に比べて3次元数値シミュレーションはEFPの生成状況が確実に把握できる利点がある。

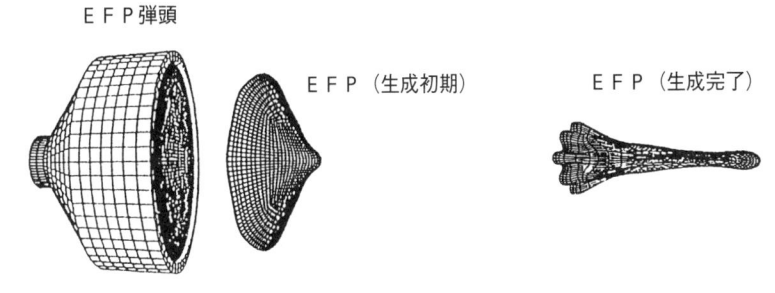

図7-10 EFP生成の立体数値シミュレーション（一例）

第8章

終末弾道
（徹甲弾）

1. 徹甲弾とは

「徹甲弾」とは，"弾丸のもつ運動エネルギーによって，装甲または堅固な目標を貫通することを目的とした弾薬"である。よって，"「徹甲弾」は「運動エネルギー弾（KE弾：Kinetic Energy）」である"ともいえる。

この「運動エネルギー弾」に対して，「化学エネルギー弾（CE弾：Chemical Energy）」があるが，化学エネルギー弾は弾丸（飛翔体）に内蔵されている炸薬のエネルギーを利用しライナーを介して金属の運動エネルギーに変え標的を侵徹するもので，目標を貫通・撃破する物理現象では運動エネルギーを利用しているのである。

徹甲弾（運動エネルギー弾）は，弾丸（飛翔体）自身の内部にさく薬を持たない，いわゆる"金属の塊"で，自らが保有する運動エネルギーを如何に効果的に目標に集中して与え，目標の貫徹撃破を達成するかが技術的課題である。

2. 徹甲弾の概要

武器の歴史を見ても，元来「石を投げ付ける」，「金属の塊を打ち付ける」などでの方法で目標物を破壊する行為は，すべて運動エネルギーを利用したもので，化学エネルギー弾が出現するまでの弾丸はすべて「徹甲弾」であったと言っても過言ではない。

また，時代とともに科学技術の進歩によって，弾薬も大きく発展分化し，多種多様な弾薬類が出現してきたが，その本流は運動エネルギーの利用に基づくものであり，徹甲弾は今日においても主要弾薬の座を占めているといえる。一方，防御側（装甲側）の能力の向上もあるので，これに対抗するためには，火器の口径増大や，砲身材料の高張力化など，火器の能力向上を背景にして，弾丸の高質量化，高初速化（現用戦車砲の初速は105 mm 砲で約1500 m/s，120 mm 砲で約1650 m/s), 弾心 (飛翔体) 材料の高靱性化などにより, 常に防御側と互角に渡り合ってきた。特に特殊な装甲で防御された戦闘車両に対しては, 徹甲弾はその効果を遺憾なく発揮している。

徹甲弾は, 目標を直接見て照準する「直接照準」で使用し, 高初速で発射されるため発射後平坦な弾道をきわめて短い時間で飛翔するので, 図8－1に示すように目標の撃破領域 (目標高さを2.3 mとした場合を図中に斜線を施して示す) が大きく,「高命中精度」を有しており, 目標をハードキルすることができる「高貫徹威力」をも兼ね備えているとともに, 高い信頼性と安全性を保有している。また弾丸の主要な構造は, 弾丸の機能, 目的が同じため使用する火器 (銃砲) の種類に関係なく弾丸の構造, 形状は類似しており, 貫徹威力を発揮するために必要な丈夫で硬い芯, 空気抵抗を低減するための風帽, 弾道観測に使用するための曳光筒などから構成されている。

使用火器に対する徹甲弾の種類を表8－1に, また各種徹甲弾の構造を図8－2に示す。

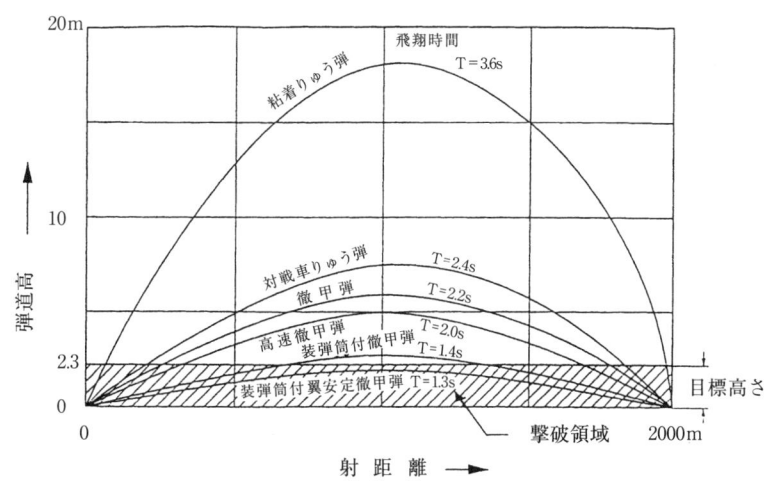

図8－1　撃破領域

表 8 − 1　徹甲弾の種類

火　砲　用		小　火　器　用
機　関　砲　用	戦　車　砲　用	
(1)　徹甲弾（AP） (2)　被帽徹甲弾（APC） (3)　高速徹甲弾（HVAP） (4)　装弾筒付徹甲弾（APDS） (5)　装弾筒付翼安定徹甲弾（APFSDS）		(6)　徹甲弾（AP） (7)　曳光徹甲弾（APT） (8)　焼夷徹甲弾（API）

注 1 ．徹甲弾（AP）以外は，全て曳光筒が付けられており，「曳光…」と表現されるべきであるが，曳光筒付が一般的であるため，曳光を省略して表した。ただし，曳光徹甲弾（APT）は，徹甲弾（AP）と区別するため曳光を付けた。
　 2 ．被帽徹甲弾（APC）は，その目的から徹甲りゅう弾（HEAP）とも呼ばれる。

2.1　徹甲弾（AP 弾，Armor Piercing）

　AP 弾は，全口径（飛翔体の外径が火砲の内口径と同一寸法）で弾丸内部にさく薬を持たない実体弾である。弾体は，高張力鋼（高炭素鋼）を熱処理（焼入れ硬化）して作られ，弾体頭部は特に硬く熱処理がされている。この弾体には，存速低下（弾丸の飛翔速度の低下）量を低減するとともに，弾着時の跳飛を防止するためにアルミニウム合金性の風帽および弾道視認用の曳光筒が取り付けられている。

2.2　被帽徹甲弾（APC 弾，Capped Armor Piercing）

　APC 弾は，鍛造合金鋼を熱処理（表面を硬化し内部は比較的柔らかく）した被帽を，弾体と風帽の間に取り付け，弾着時の弾体頭部の破砕保護と侵徹向上を図るとともに，貫入内爆をねらって，弾体底部に若干の炸薬を持ち弾底信管が装着されている。それ以外は前述の AP 弾と同様の構造である。このような構造及び機能を持っていることから，別名「徹甲りゅう弾」とも呼ばれている。

2.3　高速徹甲弾（HVAP 弾，Hyper Velocity Armor Piercing）

　HVAP 弾は，全口径の弾丸ではあるが，弾体と貫徹するための弾心とを別

終末弾道（徹甲弾）

火砲用徹甲弾

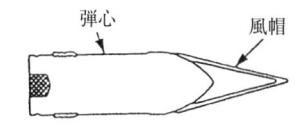

(1) 徹甲弾（AP）

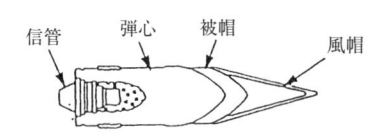

(2) 被帽徹甲弾（APC）

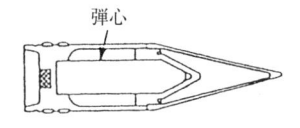

(3) 高速徹甲弾（HVAP）

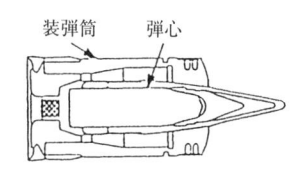

(4) 装弾筒付徹甲弾（APDS）

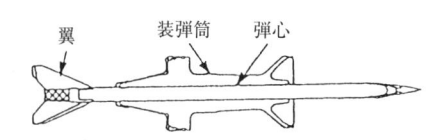

(5) 装弾筒付翼安定徹甲弾（APFSDS）

小火器用徹甲弾

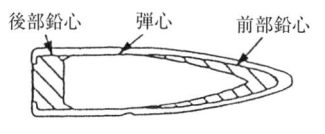

(6) 徹甲弾（AP）

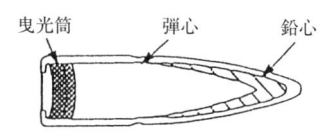

(7) 曳光徹甲弾（APT）

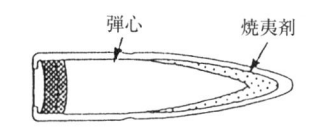

(8) 焼夷徹甲弾（API）

図8－2　徹甲弾の種類

に持った弾丸で，弾体内部に径の小さな弾心を収納している．

弾心は，高密度（約 14×10^3 kg/m³）のタングステンカーバイト（WC）を使用することで，貫徹に必要な単位断面積当りの荷重を増大させている．

弾心以外の弾丸部分は，強度的に必要な部分（弾心の保持部分等）を除き，アルミニウム合金を多用することにより，弾丸質量を軽減し初速の増大を図った弾丸である．

しかし，まだ装弾筒構造（砲腔内での弾丸の安定および加速に供した部分を弾丸が砲口を離脱した直後分離する構造）に至っておらず，弾心を持った全口径弾であり，弾丸＝飛翔体という状態で飛翔し，弾着時に弾丸内部より弾心が突出して装甲を貫徹する構造で，高初速を得た反面，まだまだ存速低下量が大きい弾丸である．

2.4 装弾筒付徹甲弾（APDS 弾，Armor Piercing Discarding Sabot）

APDS 弾は，初の減口径（飛翔体と弾丸の外径が異なり，弾丸が砲口を離脱した直後，飛翔体とそのほかの弾丸部品とに即座に分離し，砲の口径より小さな径の飛翔体が通常の弾丸の役目を果たす方式）のさく薬を持たない実体弾である．

弾丸の構造は，カップ状の装弾筒（アルミニウム合金またはマグネシウム合金製）の中に WC 製の弾心を持った飛翔体を収納したもので，この飛翔体は前述の AP 弾と同様に，風帽，曳光筒および弾心保持筒より構成されている．

この弾丸は，発射時のセットバック力（後退力）により飛翔体と装弾筒との固定を解除し，飛翔体をカップ状の装弾筒に乗せた状態で砲内を移動し，弾丸が砲口を離脱した後，空気抵抗の差により，飛翔体と装弾筒が分離し，減口径で存速低下量の少ない形状の飛翔体として飛翔する．

また，装弾筒部分の軽量化も図られ高初速を達成するとともに，減口径の採用による存速低下（弾丸の飛翔速度の低下）量の低減をも達成した弾丸であるが，まだ旋転により飛翔安定を保つ旋動安定弾である．

終末弾道（徹甲弾）

2.5 装弾筒付翼安定徹甲弾（APFSDS弾，Armor Piercing Fin Stabilized Discarding Sabot）

APFSDS弾は，現在装備されている徹甲弾の中で最新の構造・形状を有する減口径実体弾で，弾軸に沿って等分割（3～4分割）されたサドル状の装弾筒で飛翔体を抱え込んだ構造となっている。また翼によって飛翔安定を保つ翼安定弾方式を採用し，弾着時の跳飛や侵徹ロスも軽減している。

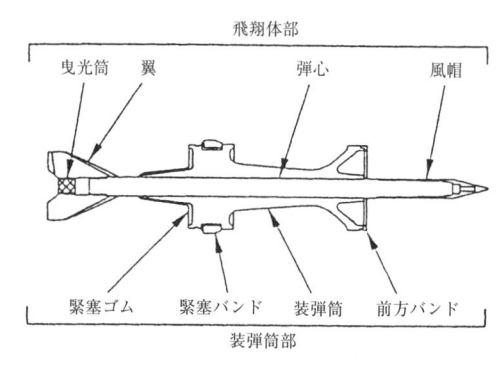

3．APFSDS弾の構造・機能

3.1 構造

APFSDS弾は，図8－3に示すように翼で安定を保つ翼安定飛翔体を装弾筒部が抱え込むように保持した構造になっている。この構造は，L（飛翔体全長）/D（飛翔体直径）の増大が比較的容易であり，L/Dの増大は標的への貫徹威力を大きく増大させる。

飛翔体は，矢の形状に似た翼安定弾で，高密度化（17×10^3 kg/m^3 以上）を図ったタングステン（W）合金または米国等ではDU（劣化ウラニウム）合金製の弾心，飛翔体の飛翔安定を保つ軽合金（主流はアルミニウム合金）製の翼，曳光筒，風帽（軽合金製であるが，飛翔距離が長い場合は風帽先端部溶融防止用の鋼製部品が取付けられている）などから構成されている。

装弾筒部は，砲内において飛翔体をしっかりと保持し，砲口離脱時には，速やかに，かつ分割された全ての装弾筒片が同時に飛翔体から分離し

図8－3　APFSDS弾の構造

133

なくてはならない。そのため，装弾筒（アルミニウム合金製，最近では複合材料を使用したものもあるといわれている）は，弾軸と平行方向に3個または4個に等分割されており，これを樹脂製の緊塞バンド（弾帯），緊塞ゴム，樹脂または金属製の前方バンド（定心バンド）で保持固定された構造になっているが，装弾筒分離時に，これらは速やかに切断され，装弾筒部は円滑に飛翔体から分離する。この装弾筒部と飛翔体とは，溝またはネジを介して結合されている。

3.2 機能

APFSDS弾は，図8－4に示すように時系列的に，砲内加速段階，装弾筒

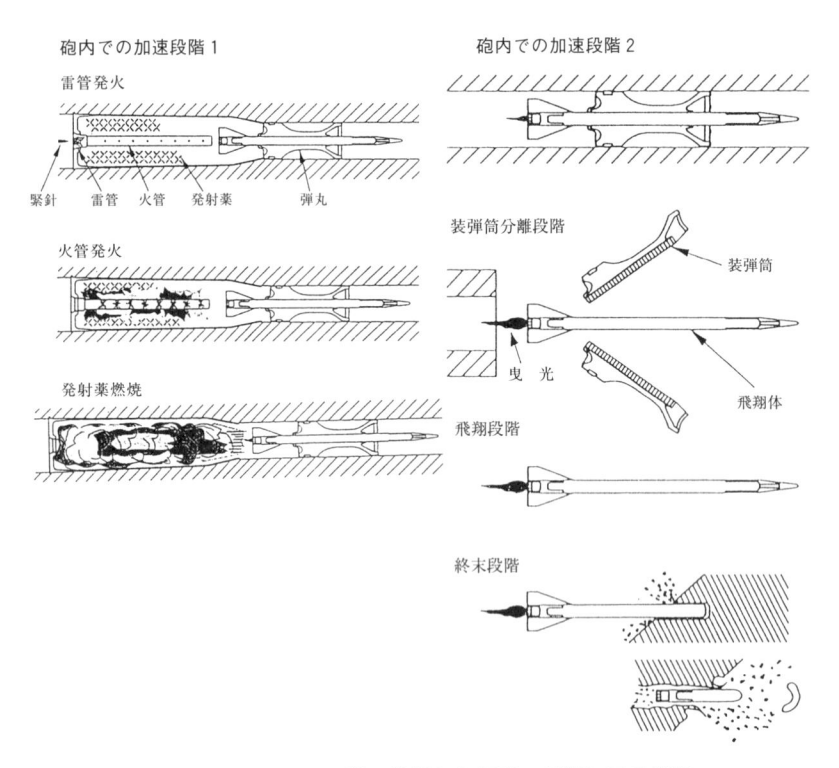

図8－4　APFSDS弾の発射から侵徹・貫徹に至る状況

分離段階，飛翔段階および終末段階の4つの段階に区分できる。

3.2.1 砲内加速段階

砲内において弾丸は，貫徹威力に必要な高初速を得る。まず，火砲の薬室に装てんされたAPFSDS弾は，火砲側より電気火管の発火に必要な発火電流をもらい電気火管が発火し，この火炎により発射薬に着火する。発射薬の燃焼により砲内の圧力（腔圧）が上昇し，弾丸が押され，動き始め，加速されながら砲口へと移動して行く。高圧な発射薬の燃焼ガスは，緊塞バンドおよび緊塞ゴムにより完全にガス緊塞され，弾丸に大きな加速度を与えるとともに曳光筒にも着火する。

施線砲身（弾丸に旋転を付与するため，砲身内面に溝を切ってある砲身）を用いてAPFSDS弾を射撃する場合，APFSDS弾は翼により飛翔安定を図るため旋転が不要であるので砲内加速時に緊塞バンドをスリップさせることにより弾丸に旋転が極力伝達しないようになっている。なお，滑腔砲を用いて射撃する場合は，砲内を弾丸が滑動するだけであり，緊塞バンドをスリップさせる必要はない。

また，弾丸は砲内移動中に受ける大きな腔圧，圧力衝撃波，圧力勾配（弾底圧と砲尾圧との差），砲身より受ける阻害抗力，砲腔内における弾丸の振動（バロッティング現象と言う）などに耐えて砲口から高速度で発射される。

3.2.2 装弾筒分離段階

弾丸が砲口を離れた直後の過渡期の弾丸は，命中精度を維持するために初期の飛翔姿勢の安定を得るとともに初期の空気抵抗を低減することである。

弾丸は，砲口を離脱した瞬間に，砲口内でのバロッティング，砲身のジャンプ，砲腔残圧（弾丸が砲口を離脱した後砲腔内に残留する高圧ガス）などの影響を受け初期離軸角（弾丸が砲口を離脱した瞬間の弾軸の砲軸からのずれ）が印加される。一方，前方からの空気圧（施線砲の場合には，遠心力も加味される）を受けて装弾筒部が前方から開き始める。装弾筒部の分離運動が始まると，前方バンド，緊塞バンド，緊塞ゴムが切断され（施線砲の場合には，緊塞バンドは，砲口を出た瞬間に遠心力で切断破砕される），装弾筒部は，図8－5に

示すように，後端部を支点として後方に回転しながら飛翔体から分離して行く。

　飛翔体は，この分離運動間に最大の空気抵抗を受けるから，離軸角がさらに大きくなる要因となる。そのため，できる限り速やかに，かつ斉一に装弾筒部を分離させてやる必要がある。

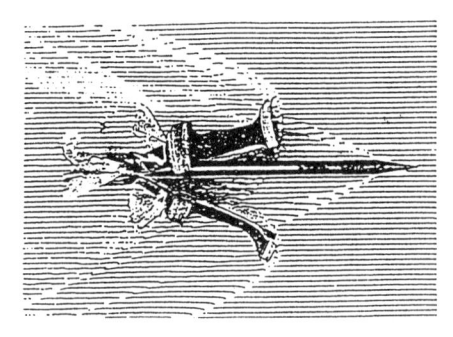

図8－5　装弾筒の分離

　装弾筒部の分離が完了すると，飛翔体は，翼面形状が非対称に作られていることから低旋転（スロースピン）を開始しながら飛翔し続ける。

3.2.3　飛翔段階

　飛翔中の弾丸は，命中精度を維持するとともに，姿勢の安定と貫徹威力を高めるための高い存速を確保する必要がある。

　施線砲から発射された飛翔体は砲内でもスロースピンが付与されているが滑腔砲から発射された飛翔体は砲口離脱後自翼でスロースピンを得て飛翔する。このスロースピンは，製作に伴う弾軸回りの誤差を是正し命中精度の向上に寄与するものである。

　飛翔体は，空気抵抗の小さい形状をしており，翼により飛翔安定を保ち離軸角を収れんさせながら飛翔する。離軸角の早期収れんは，存速の低下を最小限に押え高着速を得ることができ高貫徹威力を期待できる。

3.2.4　終末段階

　徹甲弾の最終目的は，飛翔体が目標を効果的に貫徹（目標を完全に貫通）することであり，目標に到達した飛翔体は，どのような弾着状況下においても，弾着時における飛翔体の切損，跳飛，滑りなどを生ぜず，侵徹する必要がある。

　侵徹は，弾心と装甲の間の侵徹界面と言われる部分に，飛翔体の弾着速度と装甲侵徹速度との差に相当する超高圧が発生し，装甲が押し拡げられるとともに弾心の先端部が押し潰され横に拡げ（マッシュルーム形状）られ，孔が開け

られていく．拡げられた装甲材料と潰され消耗した弾心材料は，一部を溶融させて孔の外に吹き返し（ブローバック）という形で排出され，侵徹が進行して行く．これは，弾着した飛翔体の運動エネルギーが，孔生成エネルギーと弾心消耗（弾心のエロージョン）エネルギーに分かれ，最終的には熱エネルギーに変化して侵徹が進行することを意味する．

装甲を貫徹する最終段階では，打ち抜き（プラギング）という現象で孔があけられ，装甲の裏面側には，高温の破片（残存弾心，装甲破片，溶融破片）が高速で飛散する．

4．侵徹・貫徹現象

侵徹・貫徹現象は，弾丸の着速，材料特性，形状寸法などの特性のほかに，標的装甲の材質，進入角，構造寸法，保持方法などとの組合せで多様な様相を示す．

徹甲弾の侵徹・貫徹の代表的な破壊形態を図8−6に示す．

(1) **薄板貫徹**

薄板貫徹においては，打ち抜き（プラギング），花弁状貫徹（ペタリング）が支配的な破壊形態である．貫入内爆型の弾丸においては，弾頭の破壊を避けて確実に標的を貫通した後起爆しなければならず，このためには侵徹過程の衝撃加速度を正確に制御する必要がある．

破片による貫徹も現象的にはこの薄板貫徹の部類に属し，一度に多数の破片が標的の材質および厚さの異なる部位に異なる速度で衝突する場合の貫徹計算には，単純化した評価式が役立つ．代表的なものとして次の式が挙げられ実験条件からあまりかけ離れていない条件での貫徹力を予測するのに用いられる．

$$P/D = a(\rho_p/\rho_t)^\alpha (V/C_t)^\beta (Y/\rho_t C_t^2)^\gamma$$

ここで

　P：貫徹厚さ，D：弾片径，ρ_p：破片密度，ρ_t：標的密度，

打抜き　　　　　花弁状貫通　　　　　破砕

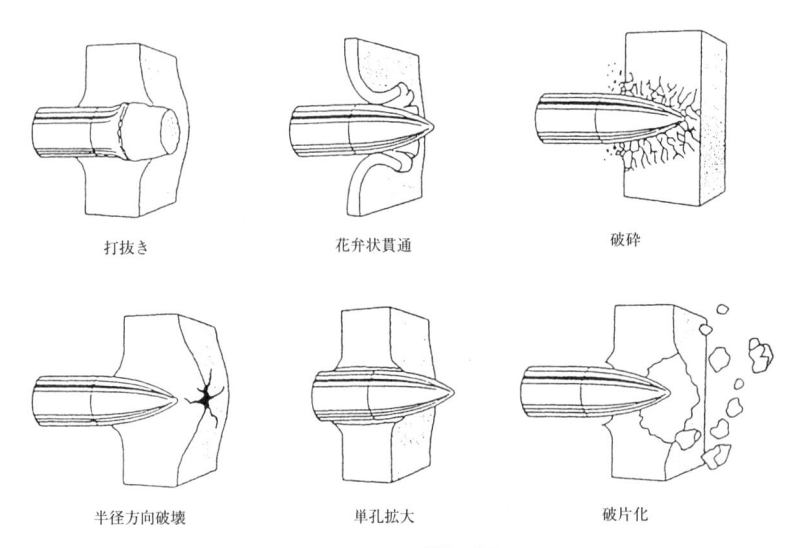

半径方向破壊　　　単孔拡大　　　　　破片化

図8－6　破壊形態

V：撃速，Y：弾心耐力，C_t：標的縦波速度
を表す。

　適用限界はP/Dの値が1から3の間と言われている。係数a, α, β, γについては多くの実験に基づいて求められたものであるが，これらの値は実験者によってかなりの差がある。

　貫徹現象においては，密度，縦波伝搬速度および強度などの材料特性が支配的要因であるとの仮定に基づき，弾心と標的の材料特性の比をとり無次元化し，単一の式によって貫徹厚さを表したものである。

　ある標的に対して，破片の50％が貫徹し，50％が不貫通となる破片の撃速（標的に当たる速度）は，弾道限界（Ballistic Limit）V_{50}と呼ばれ，貫徹威力あるいは防護力の目安となる値であり，統計的に求めようとすると数多くの実験値を必要とする。

　しかし，標的を貫通した後の速度が比較的精度良く求められることから図8－7に示す運動量保存の式に実験式を当てはめて弾道限界を数少ない実験値から精度良く求めることができる。

ここで

 V_{50}：弾道限界，
 V_r：残在速度,
 M_p：破片質量,
 V_s：撃速,
 m：打ち抜かれた標的部分の質量

を表す。

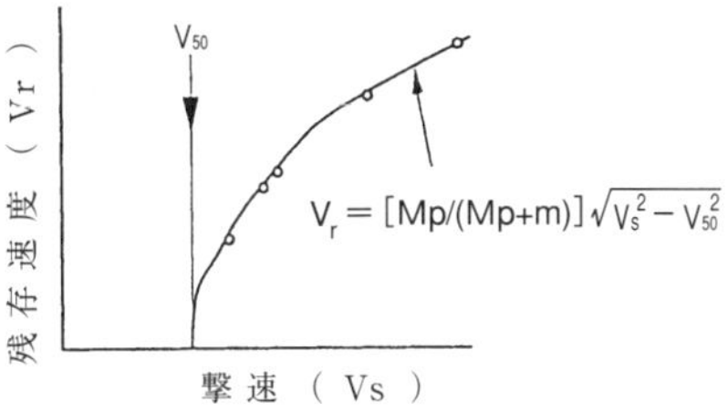

図8-7 に示すように，弾道限界 V_{50} の計測において

$$V_r = [M_p/(M_p+m)]\sqrt{V_s^2 - V_{50}^2}$$

図8-7　弾道限界 V_{50} の計測

(2) 複合装甲貫徹

　複合装甲は今日の主力装甲である。複合装甲は融点・生成熱が高く高温高圧下でも気化・流動化しないセラミックと各種鋼板とを組み合わせ，セラミック破砕片の移動散逸を防ぐための密閉金属容器から成り立っている。徹甲弾による攻撃を受けた場合には装甲全体が破壊するので，複合装甲の徹甲弾に対する防護力は，対戦車りゅう弾に対するほどの効果はないと言われている。

4.1　厚板侵徹過程・侵徹モデル

　貫徹理論は，メカニズムの異なる三段階に区分される。

(1)　初期侵徹（表面侵徹，跳飛）段階
(2)　中間侵徹（定常侵徹）
(3)　裏面せん断段階

　これらのうち中間侵徹は，長弾心が金属を貫徹する過程において支配的な段階であるので，最初にやや詳しく述べる。

4.1.1　中間侵徹

(1)　弾心と標的の境界面

　弾心が高速で標的に衝突すると，弾心と標的の境界面，すなわち，弾心の先端部と標的の表面との接点において，通常の高張力鋼の耐力をはるかに越える応力が発生し，瞬時に侵徹することができる。

　弾心先端部と標的の孔の底との接触部は異なる物質，異なる速度の境界面であり，任意の瞬間にこの部分に成り立つ式が侵徹の式である。

Taylor などが第 2 次世界大戦中に米英共同で対戦車りゅう弾のジェット侵徹に関して研究を行った。

高速ジェットが侵徹する過程では，標的のような硬い金属も流体のような振舞いをするとして，ジェットと標的の境界面では動圧が等しいとして下に示す式を導入した（1948）。

$$(\rho_j/2)(V_j - U)^2 = (\rho_t/2) U^2$$

ここで,

ρ_j：ジェット密度，V_j：ジェット速度,

ρ_t：標的密度，U：侵徹速度

を表す。

その後 Eichelburger はジェットの侵徹について Tate などの導入した式に標的強度（R_t）を採り入れ，下記の式によりジェット速度の低下に伴って変化する侵徹速度の計算を可能にした（1955）。

$$(\rho_j/2)(V_j - U)^2 = (\rho_t/2) U^2 + R_t$$

さらに Tate は弾心の強度（Y_p）を採り入れ，下記の式により弾心の消耗の計算を可能にした（1967）。

$$(\rho_p/2)(V_p - U)^2 = (\rho_t/2) U^2 - Y_p + R_t$$

ここで,

ρ_p：弾心密度，V_p：弾心速度

を表す。

Tate 以降種々の変形改善がなされたがここでは，比較的物理的な像がすっきりして見通しのよい U－V－W 理論を紹介する。

長弾心の侵徹理論は，ジェットの侵徹理論と比べ弾心に減加速度が加わるのみならず塑性波の伝播によって先端形状が変化するため問題が複雑になり，弾心や標的の高速変形に伴う物性変化をも考慮したより厳密な扱いを要する。

弾心と標的境界面ではスリップしないという仮定から，図 8－8 に示すエネルギー保存の式が成立する。

Y_p は侵徹時の動的な見かけの強度を代表する値であり，弾心材料の動的降

伏強さを使用する。

R_tは標的の変形（または侵徹）抵抗で，その求め方には種々の方法がある。

(2) **弾心の消耗（弾心エロージョン）**

長弾心が厚板を侵徹していく場合，薄板貫徹の場合のような打ち抜きではなく，弾心の消耗により厚板は侵徹される。これは弾の衝突によって発生する超高圧のため弾心先端部が固体としての強度を失うためである。図8－9に示すように微小時間$\triangle t$の間に弾心の全長は$(V_p-U)\triangle t$だけ短くなる。ここで，

V_p：弾心の塑性変形していない部分の速度

V_n：弾心が標的に衝突する速度

U：標的への侵徹速度

W：弾心消耗速度

を表す。

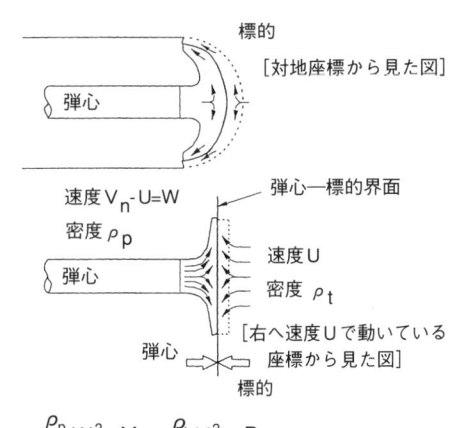

$$\frac{\rho_p}{2}W^2 + Y_p = \frac{\rho_t}{2}U^2 + R_t$$

図8－8　弾心―標的界面

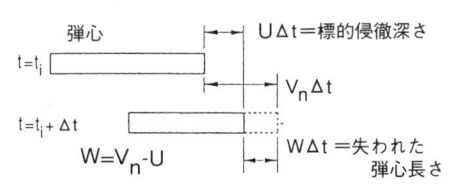

図8－9　弾心エロージョン

弾心の先端が塑性変形する場合には，V_nとV_pとは同一ではない。V_p-Uは全長変化率とでも言うべき値であり，弾心消耗速度ではない。存速が低下すると，弾心は消耗せず，塑性変形を伴って標的を侵徹する。

このとき，弾心自らの塑性変形によって塑性変形部の長さが減少することがあることから全長で弾心消耗を定義することができず，V_nとUとの差で定義される。

(3) 弾心内弾性域・塑性域境界

　弾心と標的の境界面における圧力は，弾心強度をはるかに超える高い値であり，弾心の先端が塑性変形するのは当然であるが，弾心全体が変形するのではなく，塑性波が伝播する範囲でしか塑性変形は生じない。

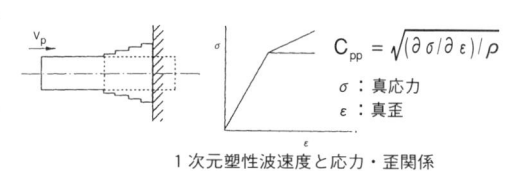

$C_{pp} = \sqrt{(\partial \sigma / \partial \varepsilon)/\rho}$

σ：真応力
ε：真歪

1次元塑性波速度と応力・歪関係

図8－10　テイラーテスト

　弾心の減速は，弾心の塑性境界面から弾尾までの間の質量が，塑性境界面の強度と断面積との積に相当する力で減速される運動にほかならない。したがって，弾心の速度 V_p を求めるには，弾心内を伝わる塑性波の速度を求めなければならない。

　塑性波については Kolsky による詳しい説明があるが，Taylor が鋼板にワックス円柱棒をカタパルトで打ちつけ円柱棒の変形を解析した有名なテイラーテストでその存在は確認されている。塑性波伝播速度は，図8－10に示すように，応力‐歪曲線の塑性域の勾配と密度から求められる。一般には，動的な応力‐歪曲線を求めるのは難しく高歪み領域（10^4～）においては，テイラーテストから逆算して，塑性波速度を求める。

(4) 弾心の減速

　塑性波を受けていない弾心部分質量（弾心のほとんどの成分）の減速は，弾塑性境界面に押しつける反力を外力とした運動である。これを図8－11に示す。

　従って，いかに速度が大きくても定常状態では，反力は弾心の動的耐力を超えることはない。ここで言う動的耐力とは質量移動に伴う慣性力あるいは加速度は含まず，

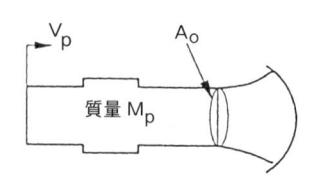

$dV_p/dt = -(A_0/M_p)S_p$

但し

A_0：弾塑性境界面の弾心の断面積
S_p：弾塑性境界面の動的耐力
M_p：塑性域の弾心質量 $= \int \rho_p(X)A(X)dx$

図8－11　弾心の減速

材料の転位速度に支配されるようなミクロな耐力の上昇を意味している。

(5) 弾心先端の変形

弾心の先端は，マッシュルームの形状に変化するが，この部分の扱い方によって種々の理論に分かれてくる。

塑性域内の速度分布を仮定して，運動量バランスから V_p を求める方法〔Walter & Anderson 法〕と，弾心塑性域の形状（長さと消耗）と侵徹面の移動速度（侵徹速度）からこの部分の運動の式をたて，V_n と V_p との関係を求める方法がある。後者の方法で用いられる関係式を図8-12～8-14に示す。

Walter & Anderson の方法は，最初に弾心・標的の塑性域の速度分布を仮定するため弾心および標的の物性を明確に表す係数を必要としない。これは塑性部の変形を応力テンソルで表現することができ，便利であるが，不均質な層（例えば鋼製装甲板に生ずるホワイトバンド）があると扱えないため，弾心設計には向いていない。

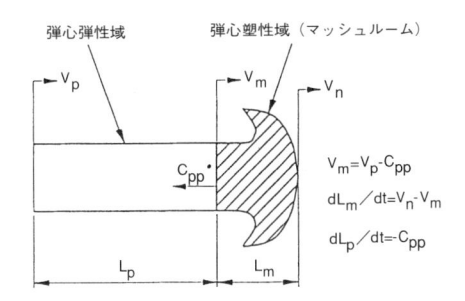

$V_m = V_p - C_{pp}$
$dL_m/dt = V_n - V_m$
$dL_p/dt = -C_{pp}$

図8-12 弾心の塑性変形

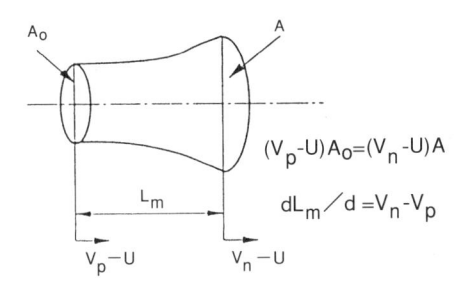

$(V_p - U)A_0 = (V_n - U)A$
$dL_m/d = V_n - V_p$

図8-13 マッシュルームの連続の式

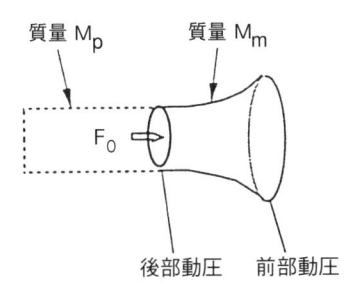

$$d(M_m \cdot U)/dt = \frac{\rho_p}{2}(V_p - U)^2 A_0 + F_0 - \frac{\rho_p}{2}(V_n - U)^2 A$$
$$F_0 = -M_p dV_p/dt \leq -S_p A_0$$

図8-14 マッシュルームの運動方程式

後者のU-V-W法の特徴は侵徹過程を時間経過で追えるばかりでなく弾心の直径の増減，位置による密度・強度の変化を計算に繰り込むことも容易であるので設計に必要な情報を得易い利点がある。

(6) 侵徹深さ

前述の関係式を連立して侵徹速度Uの数値解を求め，さらにUの時間積分によって侵徹深さPを求めることができる。

4.1.2 初期侵徹

(1) 垂直浸徹

ここでは，急激な弾心の標的表面への衝突に伴ってランキン-ユゴニオジャンプ状態が弾心・標的両者に発生する。

弾心と標的両者の粒子速度による衝撃圧が等しいという条件と，衝突速度と粒子速度が1次式で関係付けるという仮定に基づき，初期侵徹速度Uが計算できる（標的側粒子速度）。

(2) 斜め侵徹

長弾心の斜め侵徹とくに多重空間装甲の侵徹においては，衝突迎角の大小とともに弾心の回転運動をも評価しなければならない。

弾心を回転させる外力は，図8-15に示すように，侵徹界面に生ずる反力 F_1 で与えられる。その力の方向，弾心の慣性能率，重心位置から回転運動の式が成り立ち逐次時間経過とともに回転が進む様子がみられる。

多重装甲の場合，一つの

$$\tan \psi = \frac{W}{V_p} \tan(\beta - \delta)$$

$$F_1 = A(t) \cdot S_p \cdot \cos \psi$$

$$\frac{\rho_p}{2}(V_p - U)^2 + S_p \equiv \frac{\rho_t}{2} U^2 + R_t$$

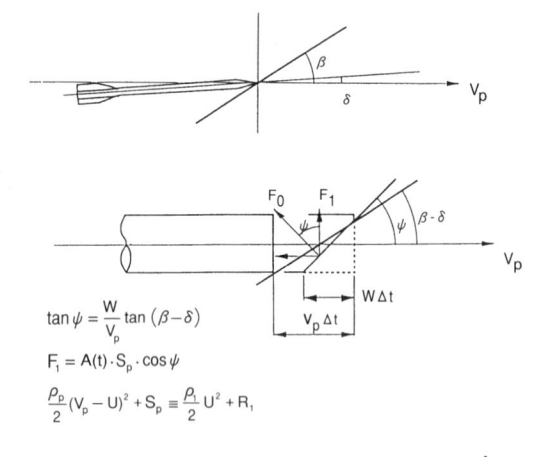

図8-15 斜め侵徹に伴う回転運動

装甲板を通過するたびに弾心には回転力が与えられ次の装甲板に到達するときには無視できないほどの衝突迎角を持ち，ついには跳飛してしまう。この弾心の回転をできる限り少なくするには，式からも明らかなように弾心頭部の消耗する部分の耐力を低く（密度は大きく）するのが一方法である。

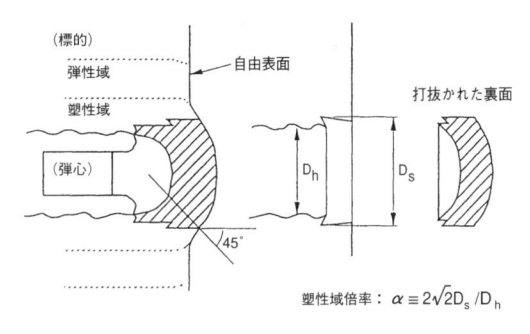

図8-16 裏面侵徹

塑性域倍率：$\alpha \equiv 2\sqrt{2}D_s/D_h$

(3) **貫徹-裏面せん断**

標的を半無限長として扱える中間侵徹段階とは異なり，穿孔が裏面に近づくと弾性膨らみが生じた後，標的のせん断強度の限界に応力が達し，裏面のある厚さの部分がせん断してしまう（図8-16参照）。

これは純粋に標的内の応力分布を求めることにより破壊条件と形状を求めることができる。食いつきさえ良ければ，斜め侵徹の経過長は垂直侵徹の場合よりも大きな値が得られる。

4.2 侵徹計算

徹甲弾による装甲侵徹は装甲の構造，強度，弾心が装甲に衝突するときの角度，速度，弾心の強度，長さ等に支配されるが，これらの要因を用いて侵徹量を計算することは徹甲弾の設計，破壊威力の予測には不可欠である。

代表的な計算法は
・侵徹長と着速などの射撃緒元との関係を表す実験式
・大型計算機で自動計算する有限差分法
・物理モデルに基づく微分方程式の数値解を求める方法
に大別できる。以下これらについて述べる。

4.2.1 実験式・経験式・次元解析

これらの侵徹計算式は,主に薄板貫徹の計算に使われ,破片形状効果,質量効果,材料効果を評価するのに便利である。

シナジー効果と言って弾性波の伝播する時間と距離の影響力の及ぼされる箇所に引き続いて別の破片が衝突するときは,単なる和以上の破壊効果をもたらすが,この相乗効果計算には実験式を利用する。

長弾心の侵徹に利用できる侵徹長あるいは弾道限界を求める計算式としてLambertの半実験式がある。この式では着角 (θ),標的の厚さ (T),および弾心の長さ (L),直径 (D),質量 (M) を扱えるので実用上便利である。

$$V_{50} = U (L/D)^{0.15} [f(Z) D^3/M]^{1/2}$$

ここで,

$f(Z) = Z + \exp(-Z) - 1$

$Z = (T/D)(\sec \theta)^{3/4}$

U = 標的の強度を表す定数

である。

4.2.2 有限差分法

弾心-標的系をメッシュに刻み,コンピュータを使って計算する方法である。自動リゾーニングと計算結果のグラフィック表示が可能であり複雑な計算も容易にできるようになった。

計算方式には Lagrangian 法,Eulerian 法およびそれぞれの欠点を補う混合法などがある。

(1) **Lagrangian 法**

代表的な計算コードに DYNA3D,HEMP 等を挙げることができ,グリッドは材料とともに変形,セルの質量は一つの分弧間では一定である。体積(密度)は分弧毎に再計算する。速度差から歪みを求め,構成方程式をたてて応力を求める。

応力伝播問題に向く等の特徴がある。

(2) **Eulerian 法**

代表的な計算コードに HELP，SOIL などを挙げることができ，材料は空間固定グリッドを通過する移行計算とセル境界応力計算とに分けて実行するなどの特徴がある。

(3) **混合法**

代表的な計算コードとして AUTODYN，PICES3DELK などを挙げることができ，材料界面のみ Lagrangian のように扱う。

計算は純粋に Eulerian で行うなどの特徴がある。どの計算コードを利用するにしても，圧力・密度・温度の関係を表す状態方程式および物質の応力・歪み関係を表す構成方程式を使用する。そこで使われる係数はホプキンソンバー試験，テイラー試験など別途の実験を実施して求める。

4.2.3 解析的方法

解析的方法は，4.2項に示した物理モデルを表す常微分方程式を連立して解きその数値解を求めることであり，特定要因の影響度などを簡単に評価できる点で，解析的方法が好まれる。

5．徹甲弾の将来

装甲または堅い目標を貫徹する目的をもった徹甲弾はクロム鋼製の全口径実体弾として誕生したが，19世紀の後半になってハーヴェー式鋼やクルップ式鋼が出現すると種々改良・改善がなされ被帽徹甲弾が考え出された。これらの徹甲弾は，艦載砲用弾薬であり，攻撃目標は主として艦船であった。

後に，堅固な建造物や戦車等の装甲を攻撃目標として，陸上火器用弾薬として取り入れられ，比重の大きなタングステンカーバイト製の弾心を組み込んだ全口径弾を採用し，さらに今世紀の半ばになると弾心に劣化ウラニウムやタングステン合金を使用した列国の装備品に見られるような飛翔中の速度の低減率が小さな装弾筒付翼安定が考案され今日に至っている。

近年装甲の多様化に対処するため火砲の大口径化による初速の増大（140 mm砲で約2000 m/s）あるいはL/D（弾丸の全長／弾丸の直径）の増大（L/D＝約40）による貫徹威力の向上に関する研究が進められている。

現在各国で研究が進められている液体発射薬砲，電磁砲等が実用化されるとそれらの砲に適した徹甲弾が考案されるであろう。

それまでの間は前にも述べたとおり，「徹甲弾」と「装甲」とは「矛」と「盾」との関係にあることを思うと，現用弾の枠の中で，互いにしのぎを削りあい，性能向上をめざし種々の改良・改善を加えながら不断の努力を注ぎ研究を継続して行く必要がある。

また，侵徹計算の分野でも，実験を繰り返し実施して技術的資料を蓄積するとともに，将来的には実射に代わる計算手法を確立する目的で研究を進めソフトウェアの充実を図る必要があろう。

第9章

終末弾道
(りゅう弾)

1. 破片効果の概要

　りゅう弾とは，円筒状の金属容器（弾殻）に爆薬を充填し（炸薬），主に破片効果により目標物を損傷・破壊する弾薬である。りゅう弾による破片効果とは，弾殻に充填されたさく薬の起爆によるエネルギーの開放に伴って弾殻が膨張し，最終的に破砕することにより生じた破片が，標的（目標物）を損傷あるいは破壊させる効果のことである。

　一つの破片と平面標的との単純衝突の場合の破片効果は，破片の運動エネルギーや標的の材質，強度などの力学的関係により定量的な議論が比較的容易である。しかし，実際のりゅう弾と複雑な形状をした実標的（車両・航空機など）との間の破片効果を議論する場合には，起爆時のりゅう弾と実標的との相対速度，相対角度，起爆点からの距離および生成破片群が持つ質量分布ならびに速度分布などを考慮せねばならず，破片効果の評価・解析には大胆なモデル化が必要となる。

　破片効果を評価・解析するには，通常，破片の生成特性，破片の散飛角，破片の初速および速度の減衰特性，破片の大きさと数量（破片の質量分布）特性，破片の効力（威力）に関するデータが必要となる。また，これらの取得すべきデータに応じ静爆試験（供試弾を固定した状態で起爆する試験）として，散飛界的試験，鋼板的威力試験，水井戸試験（ピット試験）を実施する。さらに実用上のデータが必要な場合には動的な試験として，スレッド試験や，動的散飛界・威力試験が実施される。

　散飛界的試験，鋼板的威力試験，水井戸試験などの概要を図9－1に示す。

1.1 破片の生成

　りゅう弾が起爆されると，炸薬の爆発にともなって発生する衝撃波と，それに続く生成ガスの膨張により，弾殻は先ず起爆点側から外側に向かって膨らみ，全体が提灯のようになってその径が当初の径の約1.5～2.0倍になると破裂し，

終末弾道（りゅう弾）

微細破片化して飛散する。高速度X線撮影装置を用いてこの様子を観察してみると，弾殻は最初は，弾軸に沿って比較的均一な幅をもった棒状に分割され，僅かな距離だけ大気中を飛しょうする間に棒状から微細な破片へと分割されていくことが分かる。円筒状の金属容器に爆薬を充填し，その一端から起爆したときに，金属容器が破片化して行く状況を高速度X線撮影した写真を，図9－2に示す。

　この破片生成の過程は，後述する水井戸試験において，供試弾を収納するための空気室のサイズをある水準以上の大きさにしないと，生成される破片の大きさや数量が実際と全く異なったものになることからも裏付けられる。炸薬が起爆さ

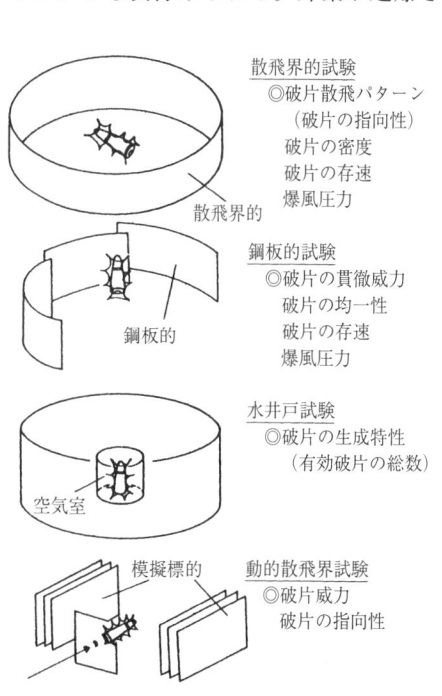

図9－1　各種静爆試験の概要

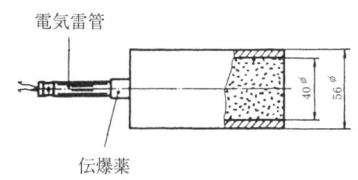

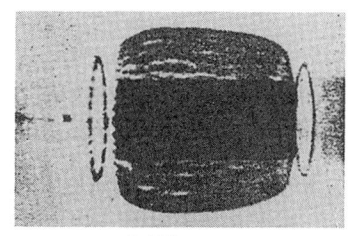

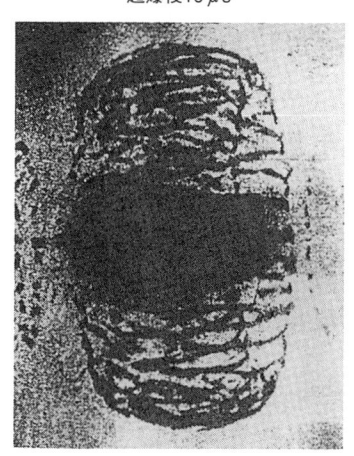

図9－2　弾殻の破片化の過程
　　　　（高速度X線写真）

151

れると弾殻材の動的な強度をはるかに上回る圧力が負荷され，弾殻は完全に破砕されるが，生成破片の大きさおよび数量は，炸薬の量や性能，弾殻材料の組成や物性値（動的強度，伸び，靭性）によって変化する。また，生成される破片の形状の特徴として，弾殻の円周方向の破断面は弾殻壁面に対して約45度の傾きをもっており，その破断面は鋭利な刃物を思わせる光沢を有する。機軸に直角な方向の破断面は，予め弾殻に刻みを施すなどの加工をしない限り全く不規則な形状となる。近年，特にミサイル搭載弾頭では，所定の撃破率を確保するため，生成破片数と破片質量を正確に制御することが要求されている。このため，予め所要の質量を持った破片弾子を必要数だけ弾殻に組み込んだ調整破片式弾頭や，弾殻の内面または外面に刻み目（ノッチ）を施した弾頭などが設計されている。

1.2 破片の散飛角

りゅう弾の起爆により生成された破片は，充填した炸薬の量・性能，弾殻形状・寸法，弾殻材の組成・物性値など諸々の要因の影響を受けて様々な方向に飛散する。同一条件の試験を繰り返すと，破片の飛散する方向には規則性があることが分かる。

生成された破片の飛散方向を調べる試験を散飛界的試験と言う。この試験では，供試弾は水平横置きとし，供試弾を中心として炸薬の量に応じた距離を半径とした円周上に標的板を設置する。標的板には，起爆点側を0度とし，弾底面側を180度として地球儀の経緯線に相当する区分線を記入する。標的板に経緯線を記入することにより，標的板の貫通痕から破片の散飛角を容易に知ることができる。

標的板には通常軟鋼板を用いるが，その厚さは評価しようとする破片が有するエネルギーの大きさに応じて選定する。仮に，標的板の厚さが目標物の破片に対する抗たん力と同等であるとき，この標的板を貫徹することができる破片は目標物に相応の損傷を与え得る起爆点からの距離Rにおける「有効破片」と呼ばれる。また，標的板の破片貫通痕を計数して，有効破片の総数を概略知

ることができる。散飛界的試験は，りゅう弾の威力を推定する有力な手段である。

生成破片の散飛角の推定には，次に述べるテーラーの式を用いる。弾殻を円筒と見なすとき，爆発する炸薬と弾殻との関係を模式的に表すと図9－3のようになる。炸

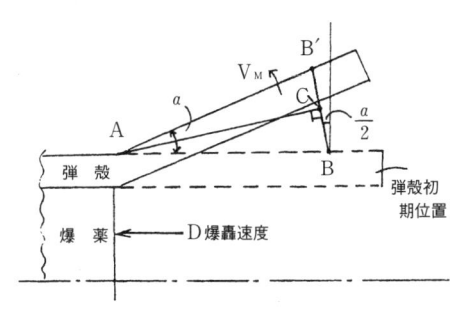

図9－3　爆薬で加速される弾殻

薬の爆轟波面は爆速Dで弾殻と平行に進行し，弾殻の加速は至短時間に行われて最終速度（破片の初速）に到達するものとする。また，この間に弾殻は剪断されたり，長さや厚さも変化しないという仮定のもとで，起爆後のある時刻tにおける断殻面の傾きは，起爆前を0°としてα°となるものとすると，幾何学的な考察により次に示すテーラーの式が得られる。

$$\sin\frac{\alpha}{2} = \frac{BC}{AB} = \frac{V_M/2}{D} = \frac{V_M}{2D}$$

V_Mは，破片の速度（初速）であり，後述するガーネーの式を使って推定する。散飛界的試験を実施すると，弾丸機軸に直角な方向（標的板に表示した角度区分の90°と270°）を中心としてその前後±5°程度の狭い範囲内に破片の貫通痕や打痕が集中することが分かる。散飛界的試験の結果の例を図9－4に示す。

米軍のマニュアルでは，湾曲部を有する弾頭から生成される破片の散飛角はつぎの計算式により推定することを提示している。

$$\frac{\phi}{2} = 90° - \arcsin\left(\frac{2aV_D + (c-d)V_0}{2bV_D}\right)$$

ϕ：破片の散飛角

V_0：破片の初速

V_D：爆薬の爆速

記号などの細部は，図9－5を参照のこと。

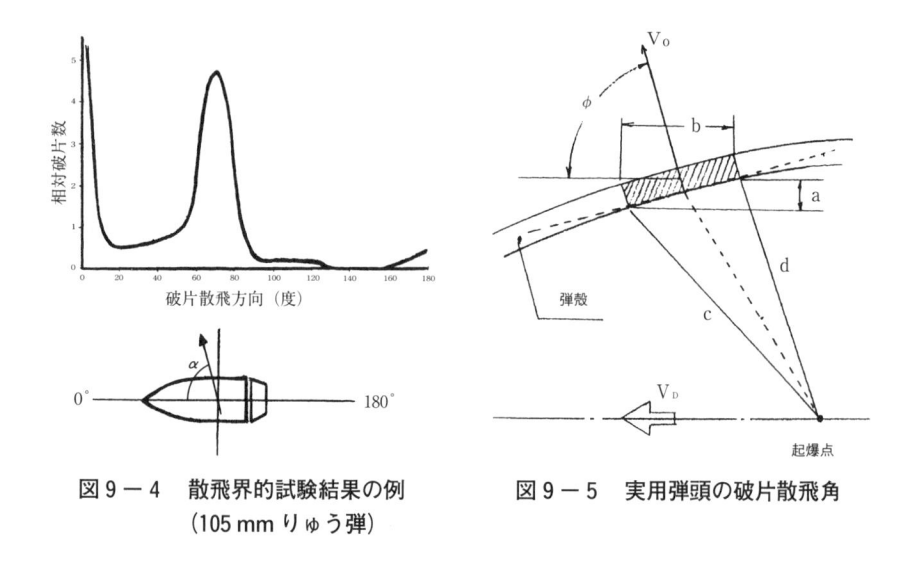

図9−4　散飛界的試験結果の例　　　図9−5　実用弾頭の破片散飛角
　　　　（105 mm りゅう弾）

　りゅう弾が炸裂すると夏の夜空に咲いた花火のように球状に破片が散飛するものと考え勝ちであるが，実際には破片は鉢巻き状に散飛するのである。

1.3　破片の速度

1.3.1　破片の初速

　破片の初速は，炸薬の量と性能，弾殻の質量や材質，材料強度，形状などの様々な要因によって変化すると考えられる。しかし，破片の初速を推定する式として余りにも多くのパラメータを含むものは，実用上不便である。破片の初速をエネルギー保存則を用いて推定する方法は，ガーネーの式として知られている。この式は，破片散飛角を推定するテーラーの式とともに，りゅう弾の研究には欠くことができない重要な式であり，以下に説明する。
　いま，シリンダー状の金属容器（弾殻）に炸薬が一様に充填されているものとする（図9−6）。これを一端の中心から起爆したとすると，起爆以前に炸薬が保有していた化学エネルギーは，爆発によって弾殻に付与される運動エネルギーと生成ガスの運動エネルギーおよび熱，光などに変化するものとして，

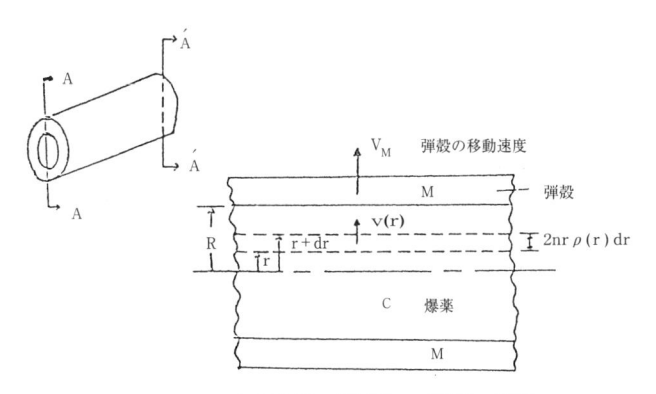

図9−6　金属容器（弾殻）の膨張の過程

エネルギー保存則を適用すると，次の式を得る．

(炸薬の全化学エネルギー) = (金属容器の運動エネルギー) + (生成ガスの運動エネルギー) + (光) + (熱)

ここで，光や熱となるエネルギーを無視するという条件のもとで上の式は，次のように書き換えることができる．

$$CE = \frac{1}{2}MV^2 + \int_0^R V^2(r)\,2\pi r\rho(r)dr \quad \cdots\cdots (9.1)$$

　　C：単位面積当たりの炸薬の質量
　　E：炸薬の単位面積当たりのエネルギー
　　M：単位面積当たりの金属容器（弾殻）の質量
　　V：爆発により加速される金属容器（弾殻）の速度
　　$\rho(r)$：中心線からの距離rにおける炸薬の密度
　　R：起爆後ある時刻tにおける金属容器（弾殻）の位置
　　r：中心線からの距離

V_M を，Rにおける破片の速度として，式(9.1)を一定の条件下で積分すると次の式が得られる．

$$CE = \frac{1}{2}MV_M^2 + \frac{1}{4}CV_M^2 \quad \cdots\cdots (9.2)$$

これを V_M について解くと，

$$V_M = \sqrt{2E} \left\{ \frac{C/M}{1+0.5\,C/M} \right\}^{1/2} \quad \cdots\cdots\cdots\cdots\cdots\cdots\cdots\cdots\cdots\cdots (9.3)$$

この式をシリンダー状の弾殻を有するりゅう弾が爆発したときに生成される破片の初速を推定するガーネーの式と呼んでいる。また，$\sqrt{2E}$ をガーネー定数と言い，炸薬の性能によって異なる値をとる定数である。

ガーネー式の誘導方法や，ガーネー定数の真の意味などは，防衛省技術研究本部の技術報告書に詳細に記述されている。興味のある方には，一読をおすすめする。ところで，砲弾の場合その形状は通常たん形部と呼ばれる湾曲部があり，完全なシリンダーとは言い難い形状をしており,部分ごとに C/M の値が異なるので，生成破片の初速を推定する場合には，局所的な C/M の値を使用することが必要になる。

りゅう弾の破片の初速と散飛角をガーネーの式およびテーラーの式を用いて計算した結果と実験値の例を図9－7に示す。

近年，特に誘導弾に搭載される弾頭においては，弾頭の端末部での破片の初速と散飛角の推定値の誤差をできるだけ排除し，すべての生成破片に対して速度分布と散飛角の分布を正当に評価できるように改良した式が必要とされている。一般に，円柱状に成形された爆薬では側面膨張を伴う爆轟が起こる。すなわち，

図9－7　テーラー式およびガーネー式による計算結果と実験値の比較

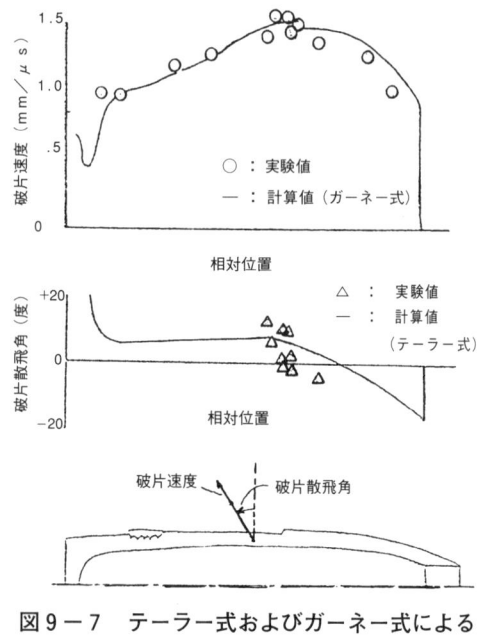

終末弾道（りゅう弾）

炸薬が起爆され爆轟に至ると，炸薬中に衝撃波が生起され，衝撃波面（爆轟波面ともいう）の後方に有限の厚みを有する反応帯が形成される。衝撃波が大気中に投射されると，爆発生成ガス中には希釈波が形成される。爆薬中の衝撃波面と希釈波に囲まれた部分を爆轟頭という。爆轟頭の内部は生成ガスの膨張の影響が届かない領域で，圧力が低下し爆発反応を弱める。弾殻中の炸薬の爆轟の過程と希釈波の形成の概念を図9－8に示す。

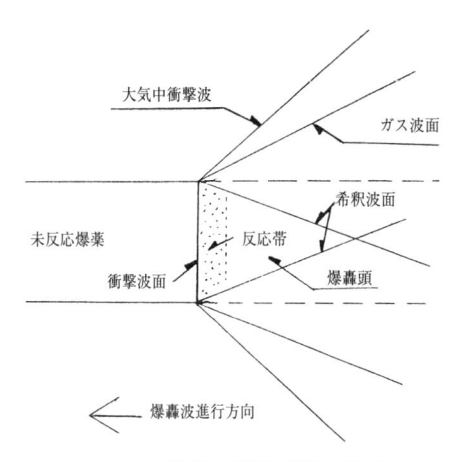

図9－8　爆薬の爆轟過程の模式図

改良されたガーネー式では，充填されている炸薬について希釈波の影響を受ける部分と受けない部分とに分割して考える。長径比（L/D）が2以上のシリンダー状の弾薬では，起爆点側の2R（R：はシリンダーの半径）と終端側のRの領域において希釈波の影響による生成ガス圧の低下があり，弾頭の中央部は影響がないものと考えると，生成破片の理論上の速度は実験値と良く一致すると言われている。図9－9に3つの領域に分割する要領を示す。

改良されたガーネーの式を次に

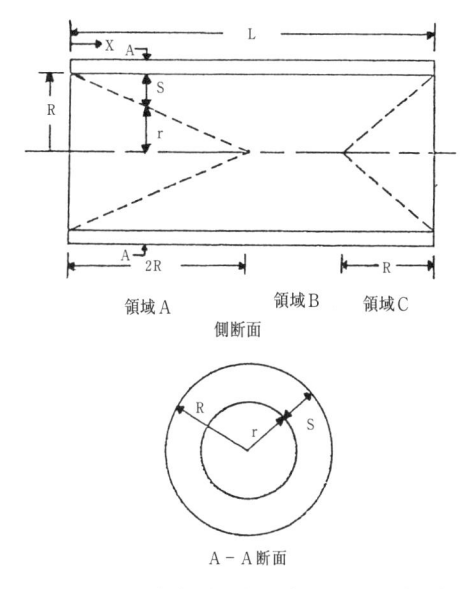

図9－9　改良ガーネー式における計算領域の分割要領

157

示す。

$$V_M = \sqrt{2E}\left\{\frac{F(x)C/M}{1+0.5F(x)C/M}\right\}^{1/2} \quad \cdots\cdots\cdots (9.4)$$

ただし，

$$F(x) = 1 - \left[1 - \min\left\{\frac{x}{2R}, 1.0, \frac{L-x}{R}\right\}\right]^2 \quad \cdots\cdots\cdots (9.5)$$

式(9.5)の意味するところは，考察している弾殻上の点（破片となって飛散する点）が弾殻の中央付近のB領域（$2R \leqq x \leqq L-R$）では$F(x)$が1となって，式(9.4)は従来のガーネーの式と何ら変わるところはなく，起爆点寄りのA領域（$x < 2R$）と，その反対側の端末に近いC領域（$x > L-R$）に位置するときには，その距離に応じて$F(x)$が1よりも小さな値をとり，あたかも炸薬の量を減少させたかのような効果すなわちC/Mの値が小さくなったことと同等の効果が得られ，それに応じて生成破片の初速が変化するということである。

破片の初速がより正確に推定できるようになると，それに連動して破片の散飛角も当然のことながらより精度良く確定できることになる。破片の散飛角を推定するテーラーの式では定常状態（充填されている爆薬が起爆されたとき，金属容器中の生成ガス圧が均一であること）を仮定しているが，金属容器の膨張から破片化までの様相を観察するとガス圧は時間の経過とともに変化することが知られている。これは，細長いゴム風船をふくらませた時に，風船全体が一気にふくらむのではなく，口許から順次先端に向かってふくらんでいく現象に似ている。結局，金属容器は膨張，亀裂の発生，という加速を伴った過渡現象の過程を経て破片化することから生成破片には速度勾配があると考えられ，これを考慮した補正項を含む式が必要となる。

いま，起爆の時点を時間の原点としたとき，金属容器の任意の点の速度は時間の関数として次の式で近似される。

$$V = V_0\left[1 - \exp\left(-\frac{t-T}{\tau}\right)\right] \quad \cdots\cdots\cdots (9.6)$$

ここで，V は任意の時刻 t における破片の速度，V_0 はこの点が到達しうる最大の速度（改良されたガーネーの式を用いて得る），T は爆轟波の前縁がこの点に到達した時間，τ は，この点が $V_0(1-1/e)$ の速度に到達するのに必要な時間であり，加速の時定数とよばれる定数である。

金属容器の任意の点は速度勾配（V_0'）をもつことを考慮して，微小距離離れた2点についてテーラーの式の誘導と同様の考察により，改良されたテーラーの式が得られる。

$$\sin \alpha = \frac{V_0'}{2D} - \frac{1}{2}\tau \cdot V_0' + \frac{1}{4}\tau V_0 \quad \cdots\cdots (9.7)$$

実験を主体として得られた改良されたテーラーの式として，次の式が提案されている。

$$\sin \alpha = \frac{V_0}{2D} - \frac{1}{2}\tau \cdot V_0' - \frac{1}{5}(\tau \cdot V_0')^2 \quad \cdots\cdots (9.8)$$

式(9.7)は，P. C. Chou ほかの式，式(9.8)は，Randers-Pehrson の式と呼ばれている。

円筒状の供試品（長さ102 mm，正径51 mm）について，テーラーの式，P. C. Chou ほかの式，Randers-Pehrson の式で計算し，比較した結果を図9－10

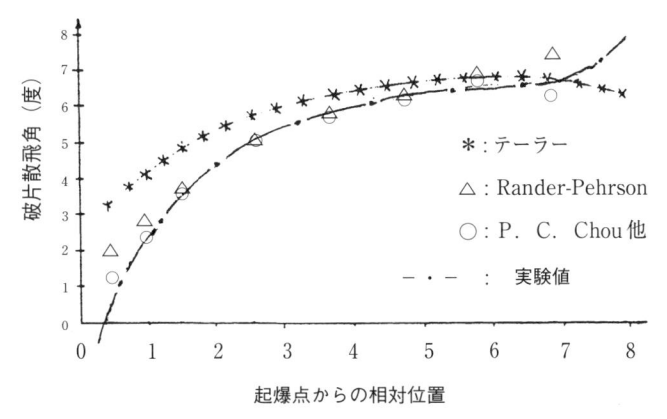

図9－10 テーラーの式と改良式による計算結果の比較

に示す。

1.3.2 破片速度の減衰

起爆点から離れた地点における破片の速度は仮に，生成破片が完全な球形あるいは立方体，角柱形，円柱形である場合には，抗力係数が知られているので一般的な空力計算式に当てはめればよい。しかし，りゅう弾の破片の場合には破片の形状は全くの不定型であるため空力計算に必要な抗力係数が不明である。そのため，散飛界的試験や鋼板的威力試験の際に計測される弾頭起爆時から標的貫徹時までの時間差（標的に到達するまでの所要時間）で，起爆点から標的までの距離を除した平均速度を求める。標的までの距離を異にした時間のデータが複数個得られると，初速に換算した値を求めることができる。

純粋に理論的には，大気中を飛しょうする破片に働く減速力は空力計算式を用いて次のように表せる。

$$F = kA\rho V^2 \quad \cdots\cdots\cdots\cdots\cdots\cdots\cdots\cdots\cdots\cdots\cdots\cdots\cdots\cdots\cdots\cdots\cdots\cdots\cdots\cdots\cdots (9.9)$$

　　k：抗力係数
　　A：破片の表面積
　　ρ：空気の密度
　　V：破片の速度

以下力学と微分・積分学から破片の飛しょう距離をrとし，初期条件 r = 0 における速度を V = V_0，m を破片の質量とすると次の式を得る。

$$V = V_0 \exp\left[-\rho k \frac{A}{m} r\right]$$

一般に，抗力係数は速度の関数であるが，マッハ2～5の範囲では k ≒ 0.62と言われている。空気の密度 ρ = 0.0012 g/cm^3 とするとき，上式中の A/m の値は概略表9－1のようになる。

表9－1　各種破片の面積質量比

破片形状	A/mの値（cm^3/g）
不定型破片（鋼）	0.550 m$^{-(1/3)}$
球	0.305 m$^{-(1/3)}$
角柱	0.0126〔(a+b+ab)/ab$^{(2/3)}$〕m$^{-(1/3)}$
立方体（鋼）	0.380 m$^{-(1/3)}$
cal 50 AP弾	0.155 m$^{-(1/3)}$

1.4 破片の大きさと数量
1.4.1 破片の大きさ
　破片の供給源である弾殻は有限であるから，多数の破片を生成すると破片の平均的な大きさは小さくなり，逆に，平均的に大きな破片が生成されると破片の総数は少なくなる。

　一般に，りゅう弾が爆発したときに，生成される破片の大きさ（質量）は，次のような要因により変化するものと考えられている。

(1) 炸薬率

　弾殻（弾体）に充填されている炸薬の質量と，弾丸の質量との比である。炸薬率が大きくなるほど，小さな破片が多数生成される。

　炸薬の概念を少し詳細にしたのがC/M比である。Cは弾丸の単位長さあたりの炸薬の質量，Mは弾丸の単位長さあたりの弾殻の質量である。

(2) 炸薬の猛度

　生成破片の大きさは，充填されている炸薬の量が一定であれば，炸薬の性能により変化すると考えられる。炸薬の性能を表す指標にはいろいろなものがあるが，猛度（爆薬が起爆したときに発生する圧縮圧力）との関わりが大きい。猛度の大きい炸薬を充填すると生成破片は小さくなる。

(3) 金属材料の物性値

　生成破片の大きさは，弾殻材質に依存することも十分に考えられる。火砲爆薬の場合には，一般的に弾殻材として鋼材（機械構造用炭素鋼など）が使用されるが，初速の低い迫撃砲弾では，可鍛鋳鉄が使用されることもある。小さな破片を多数必要とする場合には，シャルピー衝撃値を数 $kgf \cdot m/cm^2$ のオーダーにするなどの熱処理が成される。

1.4.2 破片の数量
　どれくらいの大きさ（重さ）の破片が何個あるかという破片質量分布は，弾薬の終末効果に直結するので，それを推定するための数式がいくつか提案されている。その代表例として，モットの式とヘルドの式を以下に紹介する。陸上自衛隊に在籍する松永の式も有力であるが，詳細は参考文献に譲る。

(1) モットの式

米国ではモット（モットは英国人であるが）の式が主に，用いられていると言われている。

$$N(m) = \frac{M}{2m_0} \exp\left[-\left(\frac{m}{m_0}\right)^{1/2}\right] = N_0 \exp\left[-\left(\frac{m}{m_0}\right)^{1/2}\right]$$

ただし，N(m)：質量 m 以上の破片の総数
　　　　2m₀：平均破片質量
　　　　M：弾殻の質量
　　　　N_0：破片の総数 $\left(=\dfrac{M}{2m_0}\right)$

(2) ヘルドの式

生成破片の総数や，質量分布を求めるためにピット試験（砂井戸またはおが屑井戸）が行われてきたが，回収破片の篩分けに膨大な作業量を要する。また，篩の目を通り抜けることができない0.1グラム以下の微細破片については回収が困難であり，無視されていたと考えられる。1968年に西ドイツのリンダイジャーとリーマンにより，水中に設けた空気室中で供試品を起爆させて生成破片を回収する水井戸試験法が考案され，微細破片も難なく回収できるようになり，りゅう弾が破裂したときに生成される破片の数は無限大に近いことが明らかになった。ヘルドは水井戸試験の結果を分析し，破片質量分布を推定する新しい式を提案した。

回収された破片をその質量の大きい順に並べ，大きいほうから数えて n 個目までの破片の質量の合計を累積破片質量〔$M(n) = \Sigma m_n$〕と定義する。このとき，累積破片質量と破片数の間には次の関係が成り立つ。

$$M(n) = M_0[1 - \exp(-Bn^\lambda)] \quad \cdots\cdots\cdots\cdots\cdots\cdots\cdots\cdots\cdots (9.10)$$

　　　　M_0：弾殻の質量
　　　　n：破片数
　　　　B：定数
　　　　λ：指数中の定数

式(9.10)を変形して対数をとると，

$$\log\left(-\ln\frac{M_0 - M(n)}{M_0}\right) = \lambda \cdot \log n + \log B \quad \cdots\cdots\cdots\cdots\cdots\cdots\cdots\cdots \quad (9.11)$$

式(9.11)に水井戸試験の結果を当てはめて両対数線図を描くと，1本の直線が得られる。

直線の勾配（= tan α）は，定数 λ に等しく，n = 1（直線の切片とみてもよい）とおくと定数 B の値が求められる。

式(9.10)を n について微分すると次の式が得られる。

$$m_n = \frac{dM(n)}{dn} = M_0 \cdot B \cdot \lambda \cdot n^{\lambda - 1} \cdot \exp(-Bn^\lambda) \quad \cdots\cdots\cdots\cdots\cdots \quad (9.12)$$

m_n：n 番目の破片の質量

式(9.12)は，質量の大きいほうから数えて n 番目の破片の質量を求める式であるが，これを横軸に累積破片数，縦軸に破片質量をとった両対数線図に表すと，例えば質量 W の破片を最小有効破片と仮定したとき，有効破片数を横軸から読み取ることができる。

1.5 破片の効力

一般に自然破片型のりゅう弾の生成破片はその形状が極めて不規則であるため，薄い標的鋼板は，いわゆる貫徹理論を用いてその効力（貫徹威力）を推定することができる。しかし，標的の厚さが増してくると理論どおりにはいかない。破片の貫徹威力と標的鋼板の厚さの関係は，破片の単位面積当たりの運動量（比運動量と定義）と強い相関があるという報告がある。現状では，りゅう弾の設計者は，破片の効力試験を繰り返し実施して修正係数を求め，何とか恰好をつけているのが実状であろう。

破片の質量とエネルギーの関係を図9－11に，破片の質量と貫徹できる標的（軟鋼板）の厚さの関係を図9－12に示す。

破片効力は通常，「鋼板的威力試験」と呼ばれる静爆試験で評価する。鋼板的威力試験は，供試弾を垂直縦置きに設置する。標的となる鋼板は，供試弾を中心とする同心円上に建てるが，供試弾からの距離を一定とするときには標的

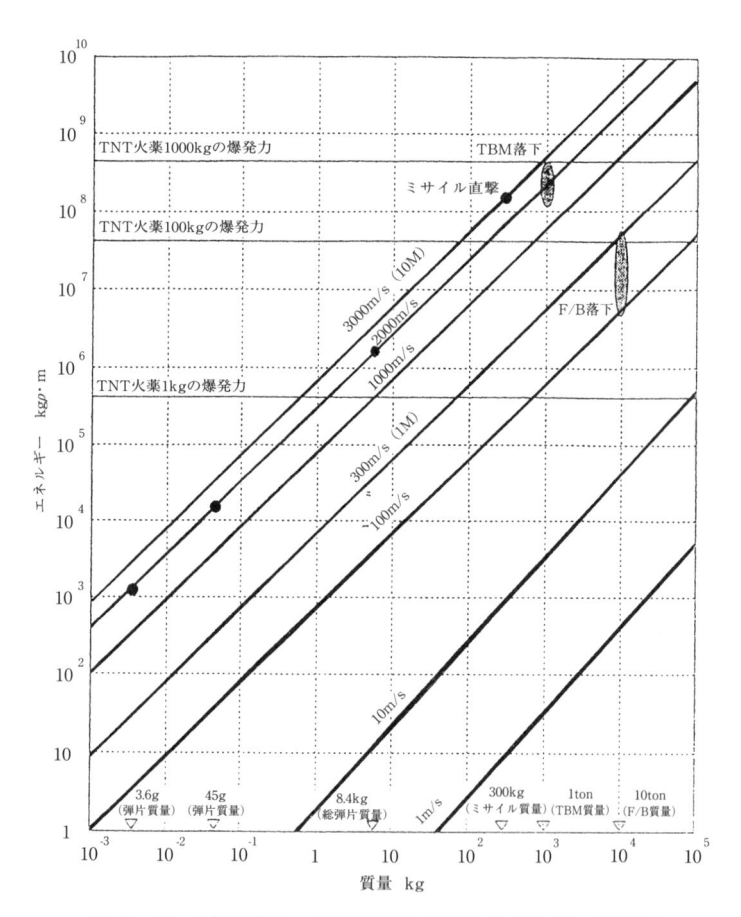

図9-11 破片質量と目標破壊に必要なエネルギーの関係

鋼板の厚みに，たとえば，1.6 mm，3.2 mm，6.4 mm というような水準を持たせるか，あるいは，同一の厚みの標的鋼板を，供試弾からの距離に差をつけて設置する。また，破片のメインビームが標的鋼板の中心部に命中するように，供試品の設置高さを調節したり距離によっては標的鋼板を傾けて破片ビームが垂直に命中するような配慮が必要である。当然のことながら，標的を貫徹する破片の速度を計測する手段も講じておかねばならない。

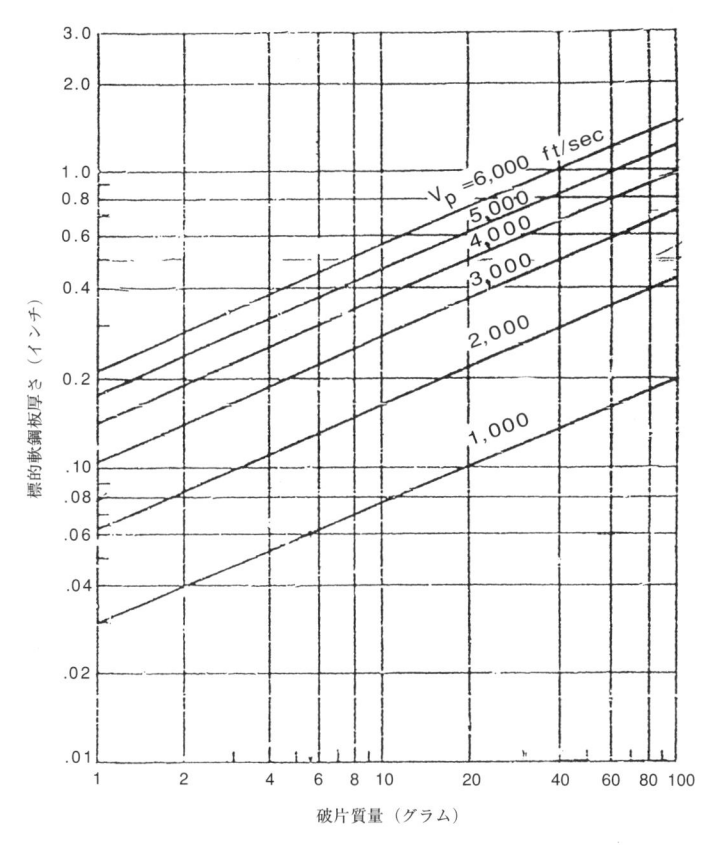

図9-12 破片質量と貫徹不能な軟鋼板の厚さの関係

2．破片効果とリーサルエリア

2.1 撃破目標物に命中する破片の数

　ものを投げてある物（目標物）に命中させようとするとき，目標物が大きいほど命中させやすく，また動いている物よりも静止している物のほうが命中させやすいことは事実である。

また，街中を歩くとき，混雑度が高いほど，他人にぶつかる確率が高くなることも同様に事実として知られている。

このような事象は，りゅう弾の破片が撃破目標物に命中することと全く同様の事象で，確率論では次のように説明される。

いま，目標物の面積（暴露面積ともいう）を A（m^2），目標物の存在している位置（地点）におけるりゅう弾の破片の密度（単位面積あたりの破片の個数）を $\rho(r)$（個／m^2）（通常，破片の密度 ρ は起爆点からの距離 r によって変化するので，r の関数という意味）とすると，目標物に命中する破片の平均個数は，$A \cdot \rho(r)$ 個となる。

目標物に命中する破片の平均個数の分布がポアソン分布により近似できるものとすると破片が，目標物に k 個以上の破片が命中する確率は，次の式で表せる。

$$P(x=k) = \frac{\{A \cdot \rho(r)\}^k \cdot \exp(-A \cdot \rho(r))}{k!} \quad \cdots\cdots\cdots (9.13)$$

したがって，少なくとも1個以上の破片が目標物に命中する確率は，全く命中しない場合の確率である $P(x=0)$ を1から差し引けば求められる。

$$P(x \geq 1) = 1 - P(x=0) = 1 - \exp(-A \cdot \rho(r)) \quad \cdots\cdots (9.14)$$

$\rho(r)$ が目標物に対し，損傷・破壊を引き起こすに十分なエネルギーを持つ有効破片の密度であるとき，(9.14)式で得られる確率 P は目標物が撃破される確率と等価であり，損傷関数（damage function）とよばれる。

2.2 リーサルエリア

リーサルエリアは直訳すれば致命領域で，(9.14)式で得られる確率 P が，ある評価基準以上となる平面上の領域を言う。リーサルエリアの考え方は3次元空間にも適用できるが，立体については投影面積や，暴露面積に置き換えることにより2次元で議論しても実用上の問題はない。

いま，地表面を x-y 平面と仮定し，地表面上の任意の点 (x, y) の周りの微小な面積 dxdy に存在する目標物の密度を δ とし，目標物が損傷・破壊される

確率をPとすればδもPも，ともにx, yの関数であるから目標物が損傷・破壊される期待値をEcとすると，

$$Ec = \int_{-\infty}^{+\infty}\int_{-\infty}^{+\infty} \delta(x,y) \cdot P(x,y)\, dxdy \quad \cdots\cdots (9.15)$$

もし，目標物が一様に分布しているならば，$\delta(x,y)$は定数となるから，式(9.15)は，

$$Ec = \delta(x,y) \cdot \int_{-\infty}^{+\infty}\int_{-\infty}^{+\infty} P(x,y)\, dxdy$$

となる。さらに，

$$A_L = \frac{Ec}{\delta(x,y)} = \int_{-\infty}^{+\infty}\int_{-\infty}^{+\infty} P(x,y)\, dxdy \quad \cdots\cdots (9.16)$$

としたとき，A_Lをリーサルエリアと定義する。A_Lのディメンジョンは，面積となる。目標物の密度が分かっているときには，リーサルエリアに乗ずれば，目標物が破壊・損傷される期待値を求めることができる。

式(9.16)を極座標変換すると次の式(9.17)が得られる。

$$A_L = \int_0^{2\pi}\int_0^R P(r) \cdot r \cdot drd\theta \quad \cdots\cdots (9.17)$$

式(9.14)と式(9.17)から，リーサルエリアは次の式を用いて求めることができる。すなわち，

$$A_L = \int_0^{2\pi}\int_0^R [1-\exp(-A \cdot \rho(r))] \cdot r \cdot drd\theta$$

$$= 2\pi \cdot \int_0^R [1-\exp(-A \cdot \rho(r))] \cdot r \cdot dr \quad \cdots\cdots (9.18)$$

となり，計算によって求めることができる。

2.3 実用のリーサルエリア

リーサルエリアの概念は，ウエポンシステムの有効性の評価を，客観的かつ普遍性をもって行うために導入された。そして，リーサルエリアは，ひところもては

やされたオペレーションズリサーチにおける寵児であった。このリーサルエリアの実用上の価値の一端を、砲弾(爆弾でも同じ)による地域の制圧を例として紹介する。

砲弾(または爆弾)をある目標地域に無作為に射撃(爆弾であれば、投下)する場合、発生する破壊の規模は、リーサルエリアが与えてくれる。すなわち、ある地域内に存在する撃破目標物に対して、射撃(投下)された一発の砲弾(爆弾)が撃破目標を破壊する確率は、Aを射撃された地域全体の面積とすると、

$$P_1 = A_L/A$$

もし、n発の砲弾が射撃されるならば、撃破目標物の破壊される確率は、

$$P_n = 1 - \exp(-nA_L/A)$$

この式は、1つの特別の撃破目標が破壊される確率を示すばかりではなく、その地域内にあるすべての目標物についても同様であることを示している。

次に、具体的な数字を当てはめて計算してみよう。いま、1平方マイル(1マイル:約1,600 m)の地域が1,000ポンド(1ポンド:約450 g)爆弾で爆撃されたとする。この地域内には、100カ所の銃座と塹壕内の人員が撃破の目標物となって点在している。また、銃座のリーサルエリアの総計を400平方フィート、塹壕内の人員のリーサルエリアの総計を900平方フィートであるとする。1平方マイルは、36,000,000平方フィートであるから、A_L/Aの値は銃座に対しては1/90,000、人員に対しては1/40,000となる。

銃座と塹壕内の人員が破壊される確率は、爆弾の投下弾数nの関数である。図9-13に投下弾数と目標物の破壊確率の関係を示す。地域爆撃により、大破壊を生起させるためには、莫大な弾薬の消費を必要とすることが分かる。

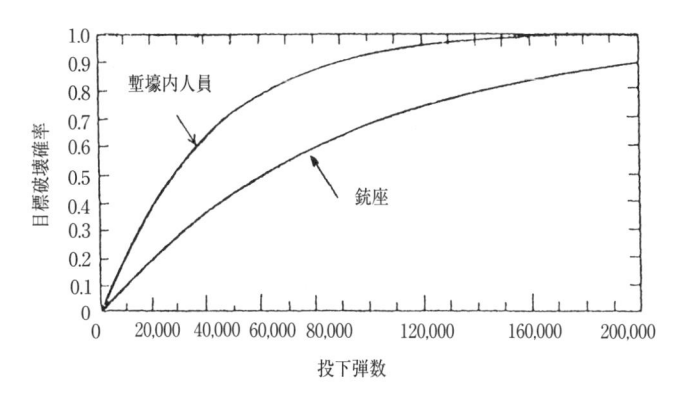

図9－13　目標物の破壊確率と投下弾数

3. 数値シミュレーション

　りゅう弾の破片効果は，生成破片が標的を貫徹するか否かという最終結果を重視し，貫徹の途中経過については重きを置いていない場合が多い。そのため，りゅう弾の生成破片の標的貫徹の数値シミュレーションは余り行われない。りゅう弾の破片は形状が不規則であるため，数値シミュレーションを実施しようとすると，破片を適当な長径比（L/D）をもった円柱に近似することになり，これは運動エネルギー弾の標的貫徹シミュレーションと同等と考えられる。

3.1　りゅう弾の設計に伴う数値シミュレーション

　りゅう弾を設計する場合，口径，質量，全長などの制約条件のもとで，要求される撃破率を確保できるか否かについて数値シミュレーションをすることになる。すなわち，所要の起爆条件下で，少なくとも1個以上の有効破片を目標物に命中させるには，どうしたら良いかということである。生成破片の初速はガーネーの式を，散飛角はテーラーの式を用いて推定する。

　破片質量分布については自然破片型のりゅう弾の場合には，類似の弾薬の水

井戸試験の結果やスモールサイズの試験弾による水井戸試験などの結果から破片質量分布の推定に必要な定数を適当に定めることになるが，調整破片型の場合には要求される撃破率などから，破片密度を計算し弾頭に組み込む調整破片の弾子数や，弾殻に刻むメッシュの大きさなどを決定する。ここまでくると，炸薬に要求される性能諸元などが明らかになる，といった手順の繰り返しが，りゅう弾の設計に必要となる。

3.2 終末効果の評価に伴う数値シミュレーション

ここで対象とする破片は，標的を貫徹する有効破片である。破片の速度分布，散飛角分布，質量分布などのデータを，静爆試験（散飛界的試験，鋼板的威力試験，水井戸試験）や必要に応じて，動的試験により取得し，以下リーサルエリアを求める手順に従い，目標物との会合条件あるいは弾着の条件を設定し，破片が目標物に命中するか否か，命中部位は破片に対して脆弱であるか否か，などについて検討し，最終的に撃破率を推定する。

3.3 その他の数値シミュレーション

弾殻の破片化という興味のある技術課題は，高速度 X 線撮影写真により時系列的に見ることができるようになったが，HELP（Hydrodynamic Elastic Plastic）コード（電子計算機プログラム）などの開発により数値的にも解析できるようになった。例えば，爆薬を充填した円筒状の金属容器が爆薬の爆発により膨張し，破砕される様相を HELP コードにより数値解析した結果は静爆試験の結果と良く一致し，その誤差は実験誤差の範囲内であると言われている。

第 10 章

信管

1. 信管とは

　信管は，弾丸や弾頭などの炸薬を起爆させる働きをもつ構成品である。信管はただ単に炸薬を起爆させればよいというものではなく，炸薬の破壊力を最も効果的に発揮しうる絶妙のタイミングまたは場所で起爆させるという重大な使命を負っているものである。

　信管が時に世間を騒がせるのは，陸上自衛隊の隊員が住民を避難させ，交通規制を行い不発弾の処理をしているとき，隊長が「信管が外された。これで一安心だ」と宣告する時に登場するくらいで，現場に居合わせ，その目に合わなければ，その存在など覚えている人は少ないだろう。火器・弾薬の分野で永年過ごしてきた者でさえ，信管に携わる技術者でなければ，信管が弾薬類の最も重要な構成要素の一つであることを真に認識している者は少ない。

　fuse は「信管」と訳されているが，英語圏の世界的な辞典 Oxford English Dictionary，米国の代表的な辞書 Webster's International Dictionary を調べてみても「信」の意味は何処にも見い出せない。にもかかわらず「fuse」を「信管」と訳したのは卓越した見識であると思う。

　「信」は，技術の面からいえば，信頼性の信を意味し，安全に対する信頼性と，作動に対する信頼性の二つの意味がある。次に，「管」とは何か。信管の機能を整理すると図10−1に示すようになる。このうち，火薬系列（図10−3参照）は「管」で構成される。まず雷管で火種を作り，これを導爆筒に，さらに伝爆薬に伝えつつ威力を成長させ，最終的に炸薬を起爆する。昔は，長細い管に火薬を詰め火種と火道を作った。火種は時には途中で立ち消えたり（火薬が湿っていたり，しっかり詰まっていなかったり，管の軸ズレがあったりすると起こる），また，時には不時発火による事故があったかもしれない。

2. 信管に必要な機能

　信管は，炸薬の破壊力を効果的に発揮させるため，少なくとも起爆の時期または場所を検知する機能（センサ）と，センサの情報から正確な点火タイミングを割り出す機能と炸薬を起爆する機能（火薬系列）が必要である。

　一方，雷管には確実な点火を行うために鋭敏な火薬が使用されるので，常に不時発火の危険が伴い，貯蔵，日常の取扱い，輸送，戦場での使用などにおいては安全を堅持し，一旦我を離れ敵に向かったのちは作動待機状態とするＳ＆Ａ（Safety & Arming：安全および安全解除）機能が必要である。

　また，安全解除のための環境検知およびその判定機能も必要である。実際の信管は，図10－1の機能に対応した構成品が必ずしも個別に存在するものではなく，複数の機能が一つの構成品に組み込まれたり，機能の一部が信管以外の構成品の中に配置されたりすることもある，という点である。

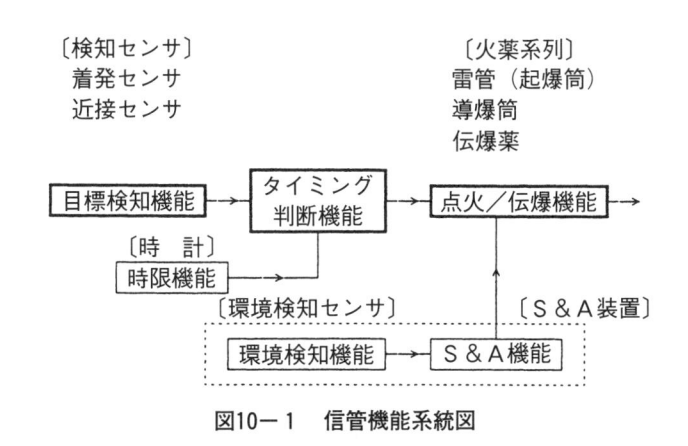

〔検知センサ〕
　着発センサ
　近接センサ

〔火薬系列〕
　雷管（起爆筒）
　導爆筒
　伝爆薬

図10－1　信管機能系統図

3. 信管の種類

信管は，機能から分類すると，着発信管，時限信管，近接信管およびその他（複合信管，指令信管）の4種類がある。

3.1 着発信管

着発信管は，物体への衝突または接触により作動する機能を持ち，信管の中で最も基本的なものである。また，この機能は時限信管，近接信管などの補助機能としても欠かすことができないものである。衝突の検知には，機械式センサまたは電気式センサが用いられる。

機械式センサは，撃針そのものまたは撃針と一体化された慣性体で，この部分が弾着時の衝撃により鋭敏な火薬を刺突することにより雷管（または起爆筒）を点火させる。センサと雷管（または起爆筒）は一体化されているのでそれぞれを分離することはできない。

電気式センサは，慣性スイッチ（弾着衝撃による電気接点の接触），クラッシュスイッチ（弾着時の接点の機械的変形による接触），圧電素子（弾着時の機械的変形による電荷の発生）などで，これらのセンサにより電気回路に電流を流すことにより電気雷管を点火させる。

作動モードとして，瞬発，無延期および延期がある。

着発信管は，機械式から電気式へ移行するすう勢にある。しかし，砲弾用の着発機能専用では，電源がネックとなり機械式も捨て難いのが現状である。

用途としては，りゅう弾，対戦車りゅう弾，ミサイル用弾頭，爆弾などの炸裂弾，HEAT（High Explosive Anti-Tank）弾，対戦車ミサイル用ダンデム弾頭，ICM（Improved Conventional Munition）用子弾などの成形さく薬弾頭などに幅広く使用されている。

3.2 時限信管

時限信管は，射撃直前に測合（秒時の設定をいう）した秒時に達したとき作動する信管で，機械時計式と電子時計式がある。最近は電子時計式が一般的で，秒時，精度ともに満足できるものである。

用途としては，りゅう弾の曳火射撃，照明弾および発煙弾の始動，運搬弾の子弾放出などに使用されている。

3.3 近接信管

近接信管は，物体に接近したことを検知して作動する信管で，アクティブ，セミアクティブおよびパッシブ方式がある。

使用されるセンサの種類によって電波信管（VHF／UHF波，マイクロ波，ミリ波），光波信管（パッシブ赤外線，レーザ），磁気信管などに分類されている。

3.3.1 電波信管

電波信管は，近接信管の中では，過去から現在に至るまで全世界で最も広く使用されている。その原理は，主として，信管の輻射する電波と物体からの反射電波との干渉により生ずるドップラ信号を検出して作動するものである。

用途として，対空用，対地用，対地目標用がある。

(1) 対空用電波信管

対空用電波信管は，航空機，ミサイルなどの撃破を目的とし，砲弾用とミサイル用がある。

目標が，航空機中心からミサイル中心へと移行してから，従来の設計では信管の作動遅れや作動率の低下が問題とされるようになった。

初期の頃は，弾体または飛しょう体をアンテナとし，VHF／UHF波を用いる方式であったが，その後，内蔵マイクロ波アンテナ方式が主流となり，やがてはミリ波平面アンテナ方式に取って代わるであろう。

対ミサイル用電波信管は，発展の目覚ましいミリ波技術を導入すれば，電波ビームをこれまでのほぼ真横から斜め前方へ傾斜させ，さらに，ビームをシャー

プにすることが可能で，信管の作動遅れやジッター（ふらつき）を大幅に改善できる。

ミリ波信管は，価格の問題を除けば，高性能化，小型化などのあらゆる面で優れており，今後は数多く用いられることになろう。

シースキミング対艦ミサイルが登場してから，電波信管の低空性能がクローズアップされた。目標をシークラッタ（海面からの反射）から明瞭に分離することが難しく，誤作動が多発したからである。この弱点を改善するため次の方式の検討が続けられた。

① 信管の感度をクラッタ強度に比例して自動的に低減する方式
② ドップラ周波数の変化率によって目標を検出し最適位置で作動させる方式
③ 電波を擬似ランダムコードで位相変調し，クラッタとの相関を利用してセンサ検知領域を自動的に制限する方式

砲弾用では省スペースが要求されるので①および②の方式が，ミサイル用ではスペースに余裕があるのでより高度な③の方式が検討され効果をあげている。

(2) **対地用電波信管**

対地用電波信管は，弾丸を一定の地上高で曳火させ，破片効果を広範囲にわたり発揮させるもので，野戦砲用，迫撃砲用，爆弾用がある。

砲弾用では，弾体をアンテナとし，VHF／UHF波の地表面からの反射強度により作動高を設定する方式が用いられていたが，大地の起伏や植生，落角などにより作動高が変動する欠点があった。しかし，内蔵マイクロ波アンテナ方式が開発されてから，作動高の変動は改善され，さらに，弾種を問わずに使用できるようになった。

3.3.2 光波信管

光波信管には，赤外線（パッシブ）とレーザ（アクティブ）を利用するものがあり，用途として，砲弾用とミサイル用がある。

(1) **赤外線信管**

赤外線信管は，物体が輻射するまたは反射する赤外線を検知して作動する信

管で，初期の頃は特に対空ミサイル用として多用されたが，太陽光，天候などの影響を受けやすく，現在では次第に使われなくなっている。しかし，赤外線／ミリ波複合センサ，長／短2波長赤外線センサを用いた信管は，対地目標検知用として生き残っている。

(2) **レーザ信管**

レーザ信管は，レーザビーム（近赤外線）をほぼ真横に輻射し，物体からの反射光を検知して作動する信管である。米国で開発に着手された当初は，対ECM能力に優れた信管として注目され，また，RCS (Radar Cross Section) の小さな目標に対しても有効であるなどのほかのセンサには見られない利点を有するので，小型の対空ミサイル用として数多く用いられた。しかし，昨今ではフレアなどの対抗手段が講じられ，太陽光禁止角の制約もあり，また，霧・雲中では誤作動の可能性もないとは言えないので，次第にミリ波信管にその座を奪われつつある。

3.3.3 磁気信管

磁気信管は，磁気の変化を検知して作動する（パッシブ）信管で，時代遅れとの印象を拭い難いが，その信頼性は高く，特に，簡便な対抗手段がないという捨てがたい面を有している。

対戦車用，対舟艇・艦船用として，地雷，ミサイル，機雷，魚雷などに広く用いられている。

3.4 その他（複合信管，指令信管）

複合信管は，着発，時限および近接のうち，二つ以上の機能を備えた信管で，砲弾用信管ではすべての機能を備えているものも最近登場した。また，ミサイル用電波信管では，近接のほかに着発機能を備えているのが普通である。

複合信管には，その機能が単一であっても，二種類のセンサ（ミリ波／赤外線，磁気／レーザ，長短二波長赤外線など）を複合して有するものもある。

指令信管は，例えばミサイルの自爆のように，地上装置（または誘導装置）からの指令により作動するもので，一種の起爆装置といえる。

なお，信管の使用環境は，大別して高G・高旋転（火砲用，機関砲用弾薬など），中G・旋転なし（迫撃砲用弾薬），低G・旋転なし（ミサイル，ロケット弾），微速，揺動，静止（魚雷，機雷，地雷など）などがある。

3.5 将来の技術動向

信管技術の将来動向として次の事項が注目される。
① 高速デジタル処理の全面的導入
② ミリ波センサの常用化
③ 多機能化の日常化（着発（無延期，延期），時限，近接および遠隔測合機能の集積化）
④ EFI（Exploded Foil Initiater）の登場（火薬系列の不感化）

ミリ波は，30～300 GHz帯（波長10～1 mm）の電磁波で，マイクロ波と赤外線の中間スペクトラム領域を専有し，その大気中の減衰特性を図10－2に示す。

赤外線や可視光線は霧，雲の減衰が大きく，一方，ミリ波は雨による減衰が大きい。しかし，減衰率は赤外線や可視光線ほどではない。ミリ波の減衰は，主として水および酸素分子による共鳴吸収で特定の波長帯に限られる。通常，大気の窓と呼ばれる，減衰の少ない35，94，140および220 GHz帯が利用される。

ミリ波は設計の視点から次の特長を有している。
① 小口径のアンテナで高いアンテナ利得が得られ，かつ，ビーム角の狭い電波が輻射できるので，目標検知確率および方探精度を高くできる。
② 目標のRCSはマイクロ波帯より高い（目標検知確率が高くなる）。
③ ミリ波は，赤外線では減衰の大きな霧，雲などを透過する。また，フレア，太陽光の影響を受けず昼夜使用できる。
④ ミリ波では，遠方から電波妨害ができる高出力送信機を製作することが技術的に困難である（大気中の減衰の特に大きな60 GHz帯を利用すればさらに有効である）。

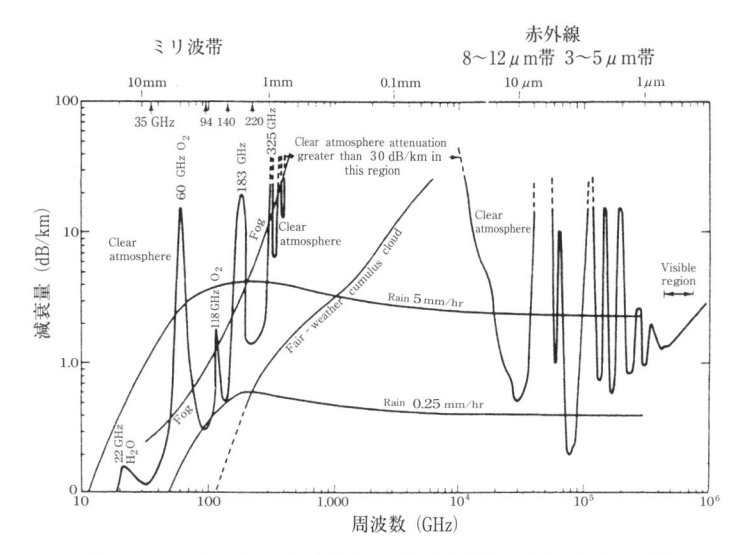

図10-2 ミリ波，赤外線および可視光線の大気中での減衰

4. 信管の安全性

4.1 安全性の特質

　信管は，まず第一に味方にあっては「絶対に安全」でなければ兵士を不安のどん底に落とし入れ，敵に向かっては「絶対に作動」しなければ，これまた兵士の不信を買い士気を損ねる。

　信管の難しさは，絶対安全，絶対作動という相矛盾する両極を短時間に切替え，その両極のいずれに対しても高い信頼性が要求されるところにある。

　しかも，砲弾用信管ともなれば，数千～3万数千Gの衝撃加速度と数千～数万回転／分の旋転が瞬時に加えられるなど，通常，起こり得ない厳しい環境に曝される。これほど高い信頼性と過酷な耐環境性を要求されるものがほかにあるだろうか。

　信管は作動の信頼性を高めるため，鋭敏な火薬を内蔵している。最も鋭敏な

火薬の結晶そのものの発火エネルギーは20～30μJとも数μJとも言われている。数μJというエネルギーはどの程度か直感的に把握しよう。

百科辞典によると，蚤は体長約3 mm，横飛び40 cm，高飛び25 cmであるという。そこで蚤の体重（質量）を2 mgとし，ある一匹の蚤が20 cm跳ね上がったと仮定しよう。さらに，この蚤は20 cm跳ね上がるのに運動エネルギーの半分を空気抵抗で消費するものとしよう。蚤が跳ね上がる瞬間，蚤の持つ運動エネルギーは約8μJである。この蚤は，計算上は最も鋭敏な火薬に頭をぶつければ命を失う。

雷管はこのように鋭敏な火薬を使って製作されるが，実用的なものとするため，様々な工夫を施し，作動性を損うことなく感度を減じている。それでも電気雷管の最小発火エネルギーは数十～数百μJである。

人体は帯電する。特に湿度の低い冬季は，保温性の高い純毛や化学繊維の着用もあって，静電気の発生，帯電は頻繁に起こる。金属に触れた瞬間，人はしばしば電気ショックを体験する。人体の電気容量は約200 pF程度との報告がある。帯電電圧を3,000 Vとすると，0.9 mJの電気エネルギーが蓄積されていることになる。この電気エネルギーで電気雷管は容易に発火する。雷管は不用意な取り扱いまたは何らかの偶発的事情で安全原則から外れると，常に発火の危険性があると考えた方がよい。

4.2 信管設計の安全規準

米国防省は，このように鋭敏な火薬を内蔵する信管を，安全にかつ不自由なく取り扱えるようにするため，信管設計の安全規準（Safety Criteria for Fuse Design（MIL-STD-1316））を定めた（1967年以前のことである）。その後，幾度か改定が行われ，MIL-STD-1316 Dに至っている。

この規格は，事故を未然に防止するため，陸，海，空軍の過去何十年にもわたる苦い経験の蓄積を踏まえ，英知を結集して作成されたものだが，改正の度に抽象化（理念化）され，条項の真意を理解するには深い考証と経験を必要とするようになった。

ここでは，少し専門的になるが，この規格の重要な2～3の規定について紹介し，信管の安全設計に対する考え方の一端に触れてみたい。

4.2.1 S&A（安全および安全解除）について

安全規準の説明に入る前に，信管の安全をつかさどる核心部，S&Aとその安全解除の方法について説明する。

図10-3は，S&Aの代表的な一例で，鋭敏な雷管の火道を遮断する方法（安全（ノンアーム）状態），火道を構成する方法（作動待機（アーム）状態）について示したものである。この図からS&Aの構造と安全解除のシーケンスについて理解することができる。

4.2.2 安全確保の冗長性（MIL-STD-1316 C 4.2.1項）

信管の安全システムは，少なくとも二つの独立したセーフティ・フィーチャー（safety feature）を備えていなければならない。セーフティ・フィーチャーは，それぞれ，信管の意図せざる安全解除を防止しなければならない。二つのセーフティ・フィーチャーを始動可能とする力は，異なった環境（environments）から引き出されなければならない。

セーフティ・フィーチャーとは，信管の意図せざる安全解除または作動を防止するエレメント（例えば**図10-3**の固定子）またはエレメントの組み合わせであるが適訳を見い出し難い。ここは原語のまま扱う。

前段で大切なところは，<u>二重</u>

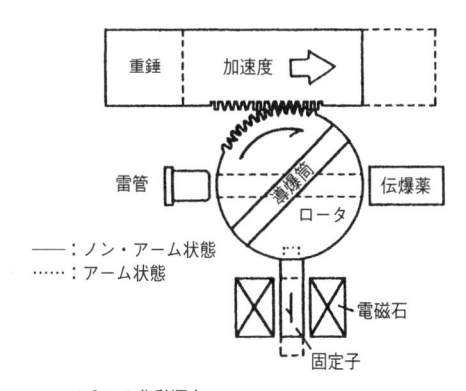

S&Aの作動順序
〔はじめノン・アーム状態にある〕
（この状態では，万一，雷管が発火しても伝爆しない）
① 発射信号等により，電磁石を作動させロータをロックしている固定子を外す。
② 加速度が矢印の方向に印加されると重錘が右に移動する。
③ 重錘の移動と共にロータも回転する。
④ 安全距離確保後，火薬系列が一線化し火道がつながる。
〔ここでアーム状態となる〕
⑤ ミサイルが目標に命中（又は近接）すると，雷管が発し左から右に伝爆し，炸薬を爆発させる。
（注）通常，安全距離が確保されるよう重錘をゆっくり移動させる調速機構があるが，この図では省略した。

図10-3　S&Aとその安全解除法

で互いに独立にあり，二重は，万一，一方に故障，部品の不整合性などによる機能の消失があっても，もう一方で安全が確保でき，独立は，一方の故障などが他方に影響を及ぼすことがなく有効に働くとするところにある。

後段では，環境とは信管の置かれた「場」の意で，セーフティ・フィーチャーの始動を可能にする力（これによりＳ＆Ａの安全解除が開始される）は，場から引き出される力（以下「環境力」という），具体的には，加速度，衝撃，遠心力，気流，圧力などの物理的な作用に依るとするところにある。

ここで特に注意を喚起したい点は，セーフティ・フィーチャーを始動可能とする力はその文面どおり「環境力に依る」のであって，言い換えれば，そのほかの方法，例えば

① 人為的に行うこと
② 内部エネルギーを用いること

は，原則的に回避しなければならない点である。

①については，非可逆的かつ発射サイクルを完結させるものに限りこれを環境と見なし，セーフティ・フィーチャーの一つに限り，兵士の行為（例えば，ミサイル発射ボタンを押す）により生じた現象を検知し始動することが許される，という条項があり，また，②については，これを達成目標とした条項があることからもこの解釈の正しいことが得心できる。

安全解除の始動は環境力に依らなければならないとされる理由は，人為的過失を原理的に回避することにあり，さらには悪用などを避けるためでもある。

武器の管理は厳重になされることが基本であるが，最近ではテロリストの手に渡り直ちに凶器として利用される危険性も考えておかねばならない（完成信管は手操作では安全解除できないこと（4.2.3項））。

また，内部エネルギーの利用を避ける理由は，万一，故障があってもフェイルセーフになるとするところにある。ここで内部エネルギーとは，バネに蓄えられたエネルギーや電池を意味する。安全解除は環境力に依るとする強い要求は，例えば砲弾用信管のように，遠心力を利用して安全解除を行う方式であれば，砲弾を発射しない限り大きな遠心力は発生しないので，万一故障があって

も通常の取り扱いでは安全解除しない。一方, バネを用い何らかのきっかけ(通常は環境を用いる)で起動する仕掛けは, 故障, そのほかにより偶発的に作動する可能性をもつ。従って前者は後者より, より安全側にあると言える。

4.2.3 安全距離の確保 (MIL-STD-1316C 4.2.2項)

次の条項は, 信管の使用において, 通常, 最も危険性の高い時期にあたるノンアーム状態からアーム状態への移行時についての規定である。

『セーフティ・フィーチャーは, 安全解除の遅延機能を備えていなければならない。安全解除の遅延を安全確保の条件とするのであれば, すべての定められた運用条件に対し, 安全距離が達せられることを保証しなければならない』

「安全距離」とは, その距離を越えると弾丸または弾頭の爆発によって生ずる被害が許容される最小の距離をいい, しばしば誤解されることであるが, 安全距離＝遅延時間ではない。

風車は信管の安全解除にしばしば利用されてきた。風車というと前時代的なものとの印象は避けられないが, 今なお現役である。原理と構造が簡単でそれなりの信頼性をもっているので迫撃砲用, 爆弾用として利用されている。その原理は次のとおりである。

今, 物体（信管を装着した弾丸など）がある速度で移動すれば, その速度に応じて回転する風車機構があるとしよう。物体の速度が上がれば風車の回転は上がる。物体が止まれば風車も止まる（もちろん, 空気は静止しているものと仮定している）。この風車機構の回転回数は物体の速度とは無関係にその移動した距離に対応している。従って, 安全距離に見合う風車の回転総数を予め設定しておき, その総数を超えたとき安全解除を行えば（例えば, 風車の回転を利用して火道のシャッターを開けるなど）, 確実に安全距離は確保される。この方式は, 初速（装薬号数）に無関係に一定の安全距離が確保される優れた特長を持っている。

次に, 物体の起動でタイマー始動し, 所定の時間の後に安全を解除する機構を考えよう。この機構は, ひとたびタイマーが始動すれば, その後の物体の運動に無関係に計時を行う。この機構は, 所定の遅延時間を得ることができても,

必ずしも常に安全距離が確保できるわけではない。速度の変化がないことが前提で，安全距離の達成を保証する機構としては失格である。

　安全距離の確保は，一見簡単なようにも見えるが，シンプルで信頼できるものを実現しようとすると創意工夫が必要で容易には達成できない。

4.2.4　安全設計規準の精神

　米軍の安全基準は「信管は，それ自体が，原理的に，論理的に安全が確保できる方法のみを用い設計しなければならない」という精神で貫かれている。この精神を表した箇所は髄所に見られるが，最も象徴的な一例を挙げると『安全解除状態または半安全解除状態では，信管は組み立てられない構造』がある。信管が安全解除状態または半安全解除状態では組み立てられない設計になっていれば，論理的に，安全解除した信管がメーカから出荷されることはなく，従って，事故も起こりえない。逆に，この条項が存在するという事態は，過去，米軍において安全解除した信管がメーカから出荷されたというハプニングがあったのではないかと詮索したくなる。

　信管の安全性は，このように通常は在り得ないと考えられることでも，つまり過誤のないことを一寸たりとも期待せず，原理的，論理的に起こり得ない方式のみを適用し，稀にしか起こらない不都合を限りなく零に近づける努力によって構成されるのである。

　この安全設計規準を読み返すたびに，信管の安全性はまさに設計にあり，ということが実感される。

5．信管の信頼性

5.1　信頼性の特質

　現代戦にあっては，決定的チャンスは少なく一瞬であるという。従って信管には極めて高い作動の信頼性が要求される。

　信管にはワンショット部品（火薬系列の構成品）が使用されている（ワン

ショットとは「一回きりの」という意味である)。ワンショット部品は良,不良の見分けが厄介な代物である。例えば,電気製品の良,不良は作動させてみれば分かる。テレビジョン受信機なら,スイッチを入れ,放送が映るかどうか,音が出るかどうか,試してみればよい。製品検査も容易にできる。

マッチは一つのワンショット物品である。ここに湿ったマッチ一本がある。果たして着火するか否か,事前に見分けるにはどうすればよいか。試せば分かるが二度と使えない。同様に,信管にも試すことのできない部品が含まれている。それでは,ワンショット部品の良否はどう判定するか,メーカはそれをどう保証するか。これが分かれば,信管の重要事項の一つは理解できたと考えてよい。

5.2 信頼度と信頼水準

ワンショット部品は信頼性工学の成果を用い評価される。システム,構成品などが課せられた役割をどの程度満足に遂行できるか(これを「信頼性」という)を定量的に表す尺度として信頼度がある(信頼性も信頼度も英語では reliability であるが,わが国では区別している)。信頼性は目的に応じてさまざまな表わし方がある。

例えば電子機器は,故障なく満足に作動する平均時間 (MTBF: Mean Time Between Failures) で表わし,その構成品は瞬時故障率 (failure rate) で表わすのが普通である。

信管は作動率で表わす。例えば「フランス製ミサイルの信管作動率は100%」などと表現される。「作動率が100%!これは素晴らしい信管である」などと早合点をしてはいけない。作動率は,単に百分率(母数に対する作動の割合)で表わされている場合もあるからである。

信頼性には信頼水準 (confidence lebel, これを信頼度ということもある) という信頼度の尺度がある。信頼度の尺度など,初めて聞く人には抽象的で何を意味するのか見当もつかない。

『例えば,ある11個の信管があって,その全数が作動したとすると,作動率

（百分率）は11／11で100％である。次に，別の信管が737個あって，これまた全数が作動したとすると，作動率は737／737で100％である。前者と後者に違いがあるのかないのか？』

『前者と後者の信頼度はどうか』

一般に，丁か半かなどのように，ある事象Aが起こるか否かに着目し，Aが起これば1，起こらなければ0とする確率変数を用い，試行を無限に繰り返すときの数学的扱いは2項分布になる。ワンショット部品の信頼性はこの2項分布を基礎としている。近代数理統計学に従い計算した信頼水準と信頼度の関係を**表10－1**に示す。

この表から，例えば，10個の信管を射撃し1個も不作動がなかった時の信頼度は，信頼水準を60％とすれば0.91以上，一方，信頼水準を99.9％とすれば0.5

表10－1　信頼水準に対する信頼度評価のための，不良なしの最小確認数量

		信　頼　水　準 (confidence level) %										
		50	60	70	75	80	85	90	95	97.5	99	99.5	99.9
信　頼　度 (reliability)	.999	693	916	1204	1386	1609	1897	2303	2996	3689	4605	5298	6908
	.998	347	458	602	694	805	949	1152	1498	1845	2303	2650	3454
	.997	231	305	401	462	537	632	768	999	1230	1535	1766	2303
	.996	173	229	301	346	401	473	575	747	920	1149	1322	1723
	.995	138	183	241	277	321	379	460	598	737	920	1058	1379
	.994	115	152	201	230	267	315	383	489	613	765	880	1148
	.993	99	130	174	198	229	270	328	427	526	657	755	985
	.992	86	114	150	173	200	236	278	373	460	574	660	860
	.991	77	101	134	153	178	210	255	332	408	510	586	764
	.990	69	92	120	138	160	188	229	298	367	459	527	688
	.980	34	45	60	69	80	94	114	149	183	228	263	342
	.970	23	30	40	45	53	62	76	99	121	151	174	227
	.960	17	23	30	34	39	46	57	74	91	113	130	170
	.950	14	18	24	27	31	37	45	58	72	90	103	135
	.940	11	15	20	22	26	31	37	49	60	75	86	112
	.930	10	13	17	19	22	26	32	42	51	64	74	96
	.920	9	11	15	17	19	23	28	36	45	55	64	83
	.910	8	10	13	15	17	20	25	32	39	49	57	74
	.900	7	9	12	13	15	18	22	29	35	44	51	66
	.800	3	4	6	6	7	9	11	14	17	21	24	31
	.700	2	3	4	4	5	6	7	9	11	13	15	20
	.600	2	2	3	3	4	4	5	6	8	9	11	14
	.500	1	1	2	2	3	3	4	5	6	7	8	10

以上であることが分かる。つまり，信頼度は信頼水準の取り方によって信頼下限が大きく変わる。信頼性の評価は，一般的に，信頼水準を先に決め，必要な信頼度を得るための最小確認数量で試験する。

さきほどの作動率（百分率）について，作動率（百分率），信頼度，信頼水準の3者の関係をこの表で理解してほしい。なお作動率は，専門家の間では，信頼度を意味する。本来は信頼水準が明確にされるべきであるが示されないことが多い。

米軍では，こと信管については，信頼水準は高いと聞いている。また，信管の開発には金がかかり過ぎるともいわれている。真面目にやれば当然のことであろう。信頼性の確認は計算ではない。検証されねばならない。最近はアイテムごとに全く新たにすべてを開発することはやめ，構成品の共通化を図っていこうという動きもあるという。

6．信管の作動タイミング

6.1 破壊力の効果的発揮

信管には，遅延時間が設定できる機能を用意することが多い。このことは，破壊力の効果的発揮が作動タイミングの適性な設定により達成できることを意味する。

図10－4に電波信管の一般的な会合状態における作動状況の一例を示す。目標の検知から弾頭の起爆までの時間（遅延時間）は，できるだけ多数の破片が目標に命中するように設定する。

6.2 遅延時間の決定法

最適遅延時間（タイミング）の決定法はおおむね次の3つのモードに整理される。

モードA：実験データに基づく分析検討により決める。

モードB：各種の実験データを入力して計算した撃破率シミュレーション結果から決める。

モードC：センサ信号の内部情報の分析から，各射撃毎に，瞬時に，適切に決める。

モードAはタイミングに特別の正確さを必要としないモードである。

モードBは理想的な方法の一つである。しかし，精緻な撃破率シミュレーション・プログラムの構築には多くのマンパワーを必要とする。

特に，航空機のような複雑な目標形状，目標の脆弱性，会合条件（会合位置，ミスディスタンス，会合角，相対速度など），ミサイルのホーミングおよび飛しょう特性，弾頭威力（破片数，破片質量，破片速度，飛散角など），信管センサの電波特性などを盛り込んだ本格的プログラムとなると少人数の技術者では手に負えない。また，シミュレーション計算の実行には各種の入力データが必要であり，実験などにより取得する必要がある。通常は，簡略化されたモデルの撃破率シミュレーション計算で妥協せざるを得ない。

モードCは，センサ信号を目標の単なる検知信号（きっかけ）とするに止まらず，信号の細部構造を時々刻々分析して必要な情報を読み出し，その情報に基づいて，瞬時に，最適タイミングの設定を行うモードであり，最適タイミングは，事前に撃破率シミュレーション結果などを検討して決定されることは言うまでもない。

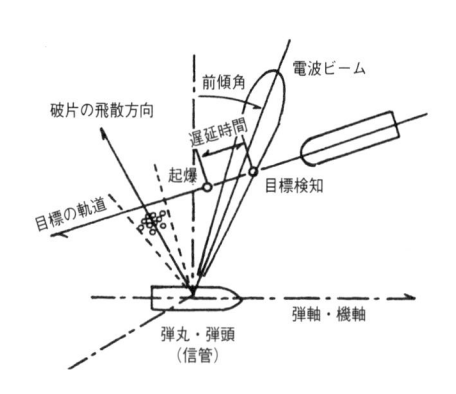

① 目標が接近する。
② 電波ビームのエッジで目標が検知される。
③ 所定の遅延時間の後，弾頭が起爆される。
（注）破片はリング状に拡がる（全面に拡がるのではない）

図10-4　電波信管の一般的な会合の場面

6.3 各モードの実例と将来展望
6.3.1 着発信管

着発信管には，スーパークイック（瞬発），クイック（無延期）および延期がある。

例えば，対艦ミサイル用弾頭は，艦船の外面で弾頭を起爆（瞬発，無延期）させるより，貫通後，船内で起爆（延期）させた方が被害が大きい。

最適遅延時間は，艦船の種類，命中部位，進入方向により異なるので，蓄積された多数の被害データの分析から決定される（モードA）。しかし，この遅延時間は各射撃毎の状況とは無関係な平均的最適値である。

最近，加速度センサ信号から直撃した艦船の板厚，着速を瞬時に割り出し，存速（貫通後の速度）如何にかかわらず船内の一定の位置で作動する，すなわち，各射撃毎に最適タイミングで作動する着発信管の検討が行われている（モードC）。

6.3.2 近接信管

航空機を目標とする開発初期のミサイル用近接信管では，目標検知から短い遅延時間で弾頭を起爆するものが多かった。大型機で相対速度が比較的小さい場合は，起爆タイミングは神経質に考える必要はない（モードA）。

しかし，シースキミング対艦ミサイルのような小型目標を撃破対象とする近接信管では，適切な遅延時間の設定が必要である。特に高速ミサイル対処用信管では，相対速度（ホーミングレーダ信号から得る）に見合う遅延時間を慎重に設定しないと，高い爆破率の得られる範囲が狭くなる（モードB）。

(1) 砲弾用近接信管

対空砲弾用信管では残念なことに信管の外部から情報は得られない。必然的に自らのセンサ信号に求めざるを得ない。いろいろな視点からセンサ信号を分析すると，実は豊富な情報を含んでいる。もちろん，相対速度はセンサ信号から容易に得られる。

筆者は，高速デジタル信号処理を全面的に信管に取り入れるというブレークスルーによりどのような信管が実現可能かの検討を試み，新しい可能性を見出

した。次にその一つを紹介しよう。もちろん，この話は，モードCに属する新しいアイデアである。

　砲弾用の電波信管はビーム角が広い。従来の一般的な考え方からすればビーム角は狭い方が良いとされるが，アンテナの構造からこれは避けられない。しかし，見方を換えればここに面白い発見がある。

　ビーム角の広いアンテナは，目標がビームを通過する間，連続的にドップラ信号を受信している。ドップラ波長を高速デジタル信号処理により連続的に分析・追跡し，起爆タイミングを適切に決定すれば，比較的広い相対速度範囲において，破片をミサイルの弾頭付近（先端から全長の1／3付近）に集中できることを見い出した。

　この方式は，構成が簡単で原理的に優れており，高速デジタル信号処理を信管の中で実現しさえすれば，砲弾用電波信管として実用化が期待できるものである。

(2) ミサイル用近接信管

　最近のミサイルは誘導性能が優れているので，誘導システムの情報により弾頭の最適起爆が可能だ，と考える人は多い。しかし，現在はまだまだ信管が重要な役割を果たしている。

　ホーミングレーダは少なくとも数km以遠の目標を探知・捕捉する必要があるので，一般的に，パルスレーダが用いられる。パルスレーダの最小探知距離は輻射電波のパルス幅で決まり，極く近距離では目標が検知できない（最小探知距離は，レーダにより異なるが，例えば約200mである）。

　一方，近接信管はせいぜい十数m以内の至近領域の，会合直前の目標と自機の軌道，相対速度情報を必要とする。誘導システムからの情報は，もちろん，この領域では過去からの推定に過ぎない。

　ここでは目標ミサイルの弾頭長を50cm，相対速度を5マッハ，双方は平行にすれ違うと仮定しよう。目標の弾頭部分の通過時間は，僅かに294μs（約3400分の1秒）である。話を直観的に理解するため，294μsを「1日」という単位で表すと信管が起爆タイミングを決定するのに必要な情報は，ミスディ

スタンス，相対速度によって多少異なるが，2週間前位からでる。

一方，先に述べたホーミングレーダ情報は最新でも1年1カ月（400日）前に相当し，果たしてこのデータから最適起爆タイミングを設定できるであろうか。ホーミングレーダ情報が利用できる時代は，もう少し待たねばならない。

電子技術の目覚ましい発展により，より精密な誘導システムが開発され，例えば，至近距離ではパルスレーダがCWレーダに切り換えられ，会合直前まで誘導が持続されるようになれば，ホーミングレーダ情報も信管の起爆タイミングの決定に一役買うことができるかもしれない。しかし，その時は間違いなく直撃となるので近接信管は不用となるだろう。

それでも近接信管に出番があるなら，誠に深刻な問題に悩まなければならない。深刻な問題とは，目標に直撃するか否か，をどう判断するかである。

現在のミサイルは，構造上の理由からか設計者の意図からか，電波は機軸に対しほぼ真横（または若干前傾）に輻射され，直撃の場合は近接モードでは絶対作動しないようになっている。しかし，ホーミングレーダ情報を利用する場合は，まず，この問題から解決しなければならない。

(3) **Sensor Fused Munition**

最近，先進欧米各国で活発な研究開発が行われているアイテムに，Sensor Fused Munitionと呼ばれる新分野がある。SADARM（Sense and Destroy Armor）はその代表的なものである。子弾（Sensor Fused Sub-munition）が155mm砲弾またはロケット弾から時限放出され，パラシュートを開き，回転・降下しつつ戦車を検知し，EFP弾頭（Explosively Formed Projectile：爆発成形弾）が戦車に向けて発射され，戦車の上面装甲を貫徹するという新兵

図10－5　広域地雷

器である。ここに搭載されている信管は，ミリ波および赤外線センサを持つ複合信管であるが，対地目標検知という今までにない新分野を形成した。

　Sensor Fused Munition は，化学エネルギー弾とエレクトロニクス技術を結集した先進型弾薬の一つである。タイミングはモードＣを採用し，しかも，扱う領域は「時間」から「時間・空間」へと広がった。広域地雷（Wide Area Mine）もこの分野に属し，将来は思いもよらない Sensor Fused Munition が続々と登場するかもしれない（図10－5）。

7．信管の難しさとシステムエンジニア

　装備品の中でも特に信管は故障を限りなく零に近づけることが要求される（故障は人身事故に直結する）。一方，信頼性が高くなればなるほど故障は稀にしか発生しない。しかも人間の英知の及ばぬところで発生するので事前に探し出し，これを零に近づけることは難しい。

　信管の特殊事情として，供試品の多くが射撃または爆発により消滅する。試験で微妙な不具合があっても繰り返し再現し検討することができない。僅かな残留品からの原因究明を余儀なくされる。また，不発ともなれば原因究明のできる物証は残るが，歓迎はされない。一つ間違えば大怪我，場合によって命を失う危険性を孕んでいるからである。死ぬ思いで不発信管の分解ができたからといって，必ずしも原因が明確になるものでもない。迷宮入りとなることが多い。

　例えば野戦砲用信管では，数千～2万G，毎分4千～1万数千回転の厳しい環境にさらされる。Ｓ＆Ａなどの機構部品，電子装置は果たしてこの使用環境に耐えられるのか，検証することは難しい。結局，その確認は完成信管を射撃し，良否を判定するのが最も手取り早いという結論に達する。しかし，不良の場合どうするか。普通の射撃では信管は回収できない。最近，ソフトリカバリーシステム（軟回収装置）が開発され，試験環境も整備されつつあるがまだ充分

とは言えない。

　電波信管はレーダ工学の成果を利用して設計される。レーダは，基本的には，遠方の物体（航空機など）を可能な限り遠方まで，かつ，その位置（方位，距離）を正確かつ迅速に探知するという方向に発達した。一方，近接信管は自分の近傍さえ探知できれば充分である。レーダはファーフィールドを扱い，近接信管はニアフィールドを扱う。

　レーダ工学ではニアフィールドの領域はもともと必要性がないこと，また，その理論的扱いが難しいことからほとんど研究されていない。レーダという重要技術分野においてさえ，取り残された技術の希薄地帯が存在する。精緻な撃破率シミュレーション・プログラムを構築しようとすれば，まずこの希薄地帯を埋めることから始めねばならない。

第11章 弾薬類のIM化

1. IM化とは

　弾薬類の安全性向上は，現在世界各国で進められている重要な研究課題の一つである。誘導武器を含む弾薬の安全性向上はIM（Insensitive Munitions）化，発射薬や爆薬の安全性向上はLOVA（Low Vulnerability）化と呼ばれ区別されている。IMとLOVAの略語はすでにわが国においても十分浸透しているので，ここでは「低感度装備品」とか「低脆弱性」のように訳さず，略語をそのまま用いる。

　米海軍のIMの厳密な定義は，「要求される性能，戦闘能力および作戦使用量を確実に満足し，予期せぬ熱，衝撃力，電磁力，または放射線の影響を受けた場合，激しい反応および続いて起こる付随被害が最小である弾薬類」であり，性能を犠牲にすることなく広範な刺激に対処しなければならないことが示されている。

　米国は海軍を中心に，1984（昭和59）年からIM化プロジェクトを強力に推進しているが，NATO諸国も1992（平成4）年にNIMIC（NATO Insensitive Munitions Information Center）を設立し，IM化に関する技術情報交換の促進とIM化技術の発展を図るため活発な活動を行っている。IM化を進める一方で，欧米諸国は火薬類のライフサイクルの見直しと，環境に配慮した弾薬の廃棄に関する研究開発が行われており，すでに先端技術を駆使した廃棄処理工場が稼動している所もある。

　米国では，火薬類のライフサイクルと廃棄処理に関して，三軍と産業界が主催する国際会議と，国立研究所が主催する国際会議が毎年開かれており，力の入れようがうかがえる。IM化弾薬が開発され装備化されると，従来の非IM化弾薬の廃棄処理が必要になる場合もあり，IM化と廃棄処理の問題には密接な関連がある。

2. IM化のニーズの歴史的背景

2.1 戦車戦のIM化

　IM化の必要性が広く認識されたのは，1973（昭和48）年に起きた第4次中東戦争においてイスラエル軍の戦車が大量に破壊された戦訓であった。この戦闘で，エジプト軍はスエズ運河を密かに渡り，対岸に着くと金属製スーツケースを開け，ソ連製対戦車ミサイル「サガー」をスーツケース上にセットした。当時最強を誇っていたイスラエル戦車部隊は，エジプト兵を簡単に運河の対岸に撃退できると信じて出動した。しかしながら，これまでの中東戦争で圧勝してきたイスラエル軍戦車部隊も，今回はまったく勝手が違っていた。小型ながら推力方向制御と成形炸薬弾頭を備えた対戦車ミサイルは，正確に戦車に命中し破壊した。メタルジェットが戦車内に侵入し，その数秒後には戦車の砲塔部が吹き飛び，大きな火炎が火柱となって吹き上げた。イスラエルが失った戦車は数百輌にも上り，大被害を受けた。

　湾岸戦争でも，ソ連製戦車が米国のM1戦車に攻撃された際に，ほぼ同様な状況を示すのをテレビで見られた方も多いと思う。ミサイルが命中してから，戦車内で何が起こったのであろうか。戦車用弾薬は図11-1のような構造をしている。メタルジェットが戦車を貫徹し，搭載している成形炸薬弾頭を直撃した場合には，炸薬は起爆し戦車は瞬時に大破壊するはずである。しかしながら，

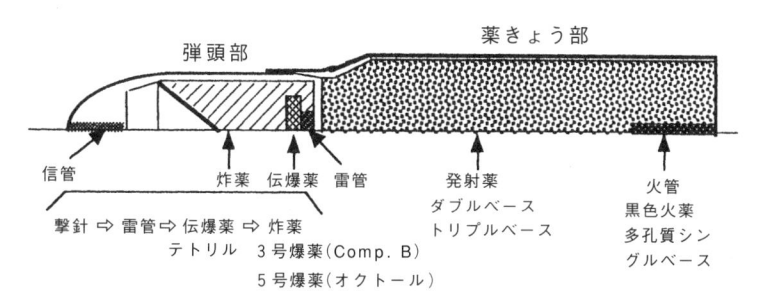

図11-1　戦車用弾薬の構造と火薬の種類

比較的小さな炸薬部に直撃する確率は低い。一方，メタルジェットや徹甲弾の貫通に伴い発生する二次破片（スポール）が薬きょうに衝突し，これを貫通する確率は高い。発射薬にスポールが侵入すると従来の多くの発射薬は発火し，多量の燃焼ガスを発生し砲塔部を吹き飛ばすものと思われる。スポールが強固な鋼鉄製の弾頭部に侵入することはほとんどない。すなわち，戦車搭載弾薬は，弾頭部より薬きょう部のほうが脆弱であった。

　第4次中東戦争の戦訓は世界中に大きな衝撃を与え，対戦車ミサイルの有効性が確認され，各国で開発が促進された。同時に，戦車の残存性を向上するための研究が行われ，2種類の対策が採用された。第一は，メタルジェットの侵入を感知し，爆薬の爆発でこれを分断する反応装甲であり，第二は発射装薬のIM化である。薬きょうは，黄銅薬きょうからパルプとニトロセルロースを主な成分とする焼尽薬きょうに変わった。焼尽薬きょうは軽量化とIM性の向上に寄与すると思われてきた。しかしながら，われわれが行ったスポール衝撃試験では，焼尽薬きょうはスポールを起こしやすく，黄銅製薬きょうより反応を起こしやすいという結果を得た。発射薬のLOVA化も当然研究されたが，技術的課題が多く，現在まで実用化されたものは見当たらない。成形炸薬の直撃やスポールの侵入に耐える戦車用IM化装薬の開発は，最も困難な課題の一つと考えられている。

2.2　海戦のIM化

　1982（昭和57）年に起きたフォークランド紛争では，アルゼンチン空軍の投下した爆弾や対艦ミサイル「エグゾセ」の攻撃により，多くの英国艦艇が沈没または損傷を受けた。被弾後に火災が発生し消火できずに放棄したケースが多く，火災が迅速に拡大し弾薬庫が爆発して沈没した艦艇もあった。これを契機に，火災により発火するまでの時間が長く，発火した際に激しい反応を起こさず被害の拡大を遅くする弾薬類の研究開発が各国で開始された。

2.3 爆発事故のIM化

　米海軍は1965（昭和40）年から69（昭和44）年の間に，3隻の空母で弾薬類の爆発事故を経験した。これらの爆発事故においては，爆弾とロケット弾が最も多くの損害を与えた。空母の名は，オリスカニー，フォレスタル，エンタープライズで，死者総数206人，被害総額は約1,380 M＄（百万ドル）におよんだ。1981（昭和56）年にも空母ニミッツで死者14人の事故が起きている。これほどの被害の発端は，一発のロケット弾の暴発であったり，着艦に失敗した航空機であった。事故が発生した当初は，それほどの被害に発展するとは思われなかったが，弾薬類が次々と誘爆し，手が付けられないうちに大事故に発展したという。詳しい被害状況を表11-1に示す。

　陸軍関係の事故には弾薬庫の爆発が最も多く，続いて輸送中の事故が多い。最近の火薬庫の事故で記憶に新しいのは，1994（平成6）年に起きたウラジオストクでの火薬庫の大爆発が挙げられる。この事故は，2人の兵士がロケットのイグナイター（点火器）内の貴金属を取り出そうとして暴発し，これが火薬庫に飛んで1,600トンもの弾薬が誘爆したものである。1988（昭和63）年にはパキスタンで武器の搬出中の小さな事故から火薬庫の大爆発が起き，多数の市民を巻き込んでいる。この時は，誘爆したロケット弾やミサイルが市街地に降り注ぎ，市街戦さながらの悲惨な状況であった。一般市民の死傷者は1,000人以上に上り，15 km以上離れた都市にも弾薬が発散したと報じられている。表11-2に陸軍関係の弾薬庫の爆発事故をまとめて示す。

　米国では，鉄道輸送中の弾薬が貨車の脱線で爆発する事故も多い。1969（昭和44）年から1973（昭和48）年の間に，表11-3に示すように3回の爆発事故

表11-1　米空母で発生した弾薬類の事故と被害状況

空母名	発生年月	兵員 死亡/負傷	航空機 破損/損傷	被害額 (US＄)
オリスカニー	1966.10	44/156	44/156	100 M
フォレスタル	1967. 1	134/161	21/43	720 M
エンタープライズ	1969. 1	28/343	15/17	560 M
ニミッツ	1981. 5	14/42	3/9	580 M

表11-2 弾薬庫等における爆発事故と原因および被害状況

発生場所	発生年月	爆発した弾薬	原因・被害等
西ドイツ・ロケットモータてん薬施設	1985.1	パーシングミサイルのロケットモータ	3人死亡・16人負傷 静電気による不規発火
パキスタン・イスラマバード近くの弾薬補給所	1988.4	ロケット弾・ミサイル中・小口径弾薬多数	死傷者1000人以上で15km以上離れた都市に弾薬類が飛散
ロシア・ウラジオストク太平洋艦隊弾薬庫	1994.5	地雷・砲弾・ロケット弾各種ミサイル計1600トン	3人負傷，住民3000人が避難 ロケット弾が燃焼
ブラジル・リオデジャネイロ海軍兵器庫	1995.7	各種弾薬，ミサイル等	40人死亡?

表11-3 列車輸送中の爆発事故と被害概況

発生場所	発生年月	爆発した弾薬と爆薬の種類
ネバダ州タウバ	1969.6	有蓋貨車2両に積載のM117弾薬 Minol-2
カリフォルニア州ローザビル	1973.4	有蓋貨車18両に積載のMk81弾薬 Tritonal
アリゾナ州ベンソン	1973.5	有蓋貨車12両に積載のMk82弾薬 Tritonal

が起きている。

　米空軍とエネルギー省関係では，B52の墜落時に搭載されていた核弾頭の起爆剤が爆発し，核爆発には至らなかったものの核燃料の発散を招いた事故がある。特にグリーンランドで起きた事故では，大量の放射能に汚染された土壌を回収し処理している。このように，過去に起きた偶発的な事故による被害は極めて大きく，また，従来の弾薬類は今後も同種の事故を起こす可能性がある。現在のように冷戦が終結した時期に，軍が自国内で事故を起こし一般市民を巻き込むようなことがあれば，大きく信用を失うことは必至である。弾薬類の安全性の向上は，兵員の残存性を向上し，継戦能力を高める点でも重要であり，各国とも真剣に取り組んでいる。

3．IM化のコスト

　弾薬類のIM化には，研究開発や改善に要する経費が必要である。しかしながら，これらに要する費用は，事故が起きた際の損害や人命の損失を軽減できるため相殺され，トータルコストは低減されるものと考えられている。IM化に伴うコスト効果について，具体的な試算の例を紹介する。米海軍がロケット弾や爆弾をIM化した際に，1966（昭和41）年から69（昭和44）年に起きた3隻の空母の事故の被害がどの程度軽減され，IM化に要する費用を含めたトータルコストがどのようになるかを試算したもので，以下のような結論を得ている。

(1) IM化したロケットと爆弾を開発・調達・運用すると，従来品の調達より903 M＄（億円）多くの費用を要する。

(2) IM化による被害の減少効果は次のように減少する。

　　死亡数：206→60（－146人）
　　負傷者：660→570（－90人）
　　被害総額：
　　　1,380 M＄（百万ドル）→
　　　90 M＄（－1,290 M＄）

(3) IM化による費用の増大は，表11－4に示に示されるように903 M＄となる。

　IM化によりトータルコストは，387 M＄（被害額－IM化の費用：1,290－903＝387）低減される（ただし，人的被害の

表11－4　艦船搭載ロケットと爆弾のIM化に伴う費用増加と被害規模縮小に伴う費用低減のコスト試算例

IM化弾薬	非IM化（従来）弾薬
開発・調達・補給整備	調達・補給整備
189,000 BLU-111爆弾	189,000 Mk-82爆弾
219,000 BLU-100爆弾	219,000 Mk-83爆弾
556,000改良 Hydra-70 ロケット弾	556,000 3.5インチ ロケット弾

	ロケット	爆弾
IM化弾薬整備費		
開発経費	60	58
調達	750	1,240
運用・補用品	75	－
総計	880	1,298
従来非IM化弾薬整備費		
調達	455	745
運用・補用品	75	－
総計	530	745
IM化に伴う経費増加分	350 ＋	553
総計	903 M＄	

補償金などは含まず)。
(4) 空母の被害が小さいために，作戦行動が継続可能となる。

4．IM化の評価試験項目，反応形態，合格基準

　IM化弾薬類試験の主要項目は7項目であるが，米国では1991（平成3）年から加速老化と振動および12m落下試験を連続的に付与する項目を追加している。米軍規格（MIL-STD-2105 B）の試験項目と試験手順並びに供試品数量を図11－2に示すとともに，主要な7項目のIM評価試験の概要を図11－3にまとめて示す。また，IMの各評価試験における熱および衝撃などの刺激に対する反応形態は，図11－4のように5段階に分類されている。

　米国では，海軍が中心になり三軍統一のIM評価試験法と判定基準の規格を制定してきた。欧州各国では脅威の想定が米国とは必ずしも一致しないことから，NATOが中心になってIM評価試験法と判定基準の規格を制定している。各IM評価試験における合否の判定基準は，装備品の種類や運用法によって異なり，世界的に統一されたものはない。表11－5に米国MIL規格，NATOのSTANAG規格，仏国のMURAT規格の合格基準を示す。この表では，ローマ数字が大きいほど合格基準が厳しいことを示している。

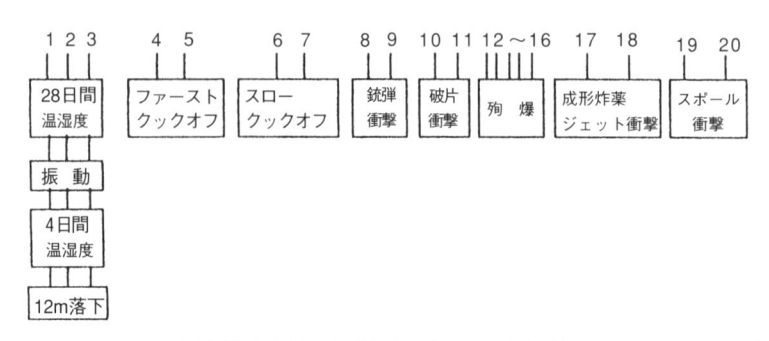

図11－2　IMの評価試験項目と試験手順並びに供試品数（MIL-STD-2105 B）

弾薬類のIM化

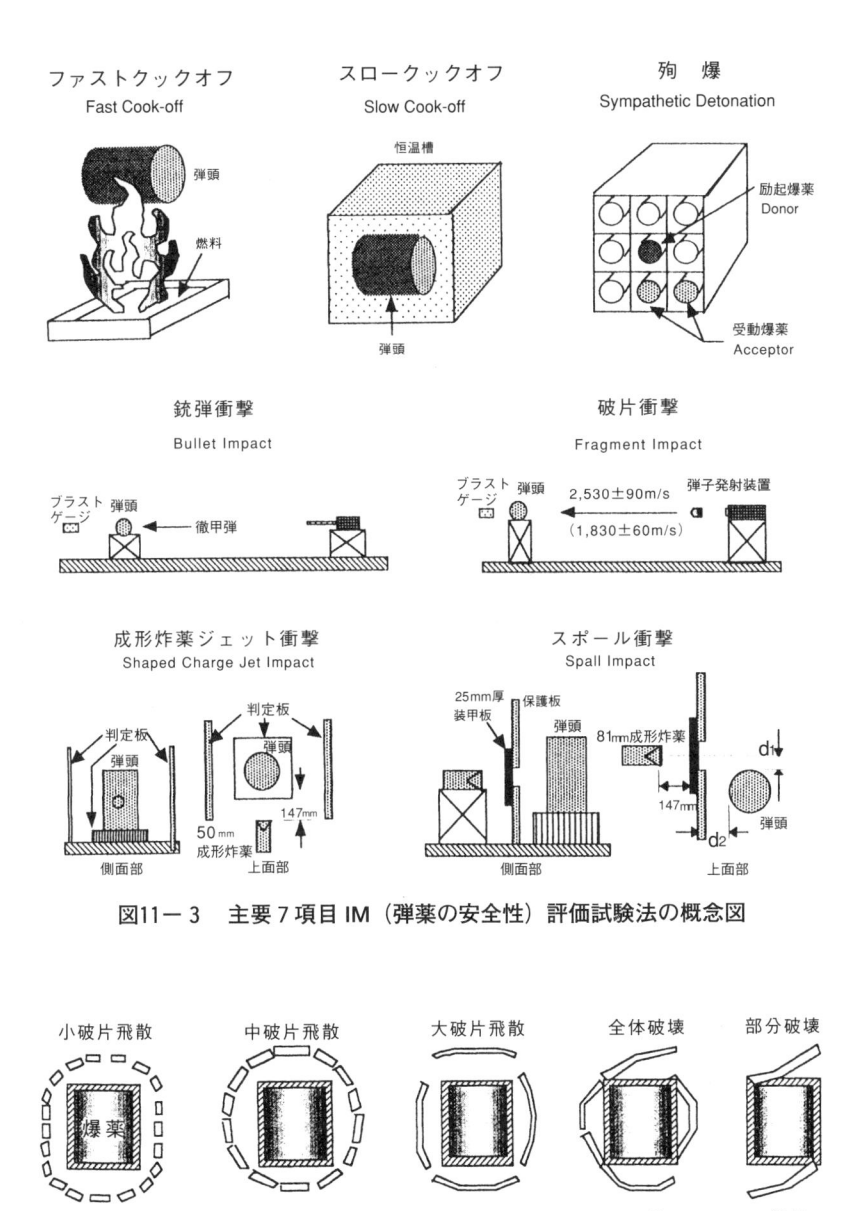

図11-3　主要7項目IM（弾薬の安全性）評価試験法の概念図

図11-4　IM評価試験における爆薬と弾殻の熱および衝撃に対する反応形態の分類

表11-5 米国，NATO，仏国の各IM評価試験での合格基準

IM評価試験項目	MIL-STD-2105B	STANAG 4439	MURAT *	MURAT **	MURAT ***
ファストクックオフ	V	V	IV	V	V
銃弾衝撃	V	V	III	III	V
殉爆	II	III	III	III	IV
スロウクックオフ	V	V	III	V	V
破片衝撃／軽量物	V	V	–	III	V
破片衝撃／重量物	–	–	–	III	IV
成型炸薬ジェット衝撃	II	III	–	–	III

反応形態（Reaction Types）
I 爆轟（Detonation）
II 部分爆轟（Partial Detonation）
III 爆発（Explosion）
IV 爆燃（Deflagration）
V 燃焼（Burning）

5. IM化に必要な技術と研究開発の経緯

弾薬類のIM化に必要な技術を大別すると，火薬類のLOVA化と弾体や薬きょうの高安全化に分けられる。弾薬類に組み込まれている火薬類は固有の感度を有するが，この感度が必ずしも弾薬類のIM特性に直接反映されるとは限らない。例えば，熱感度が高い火薬でも，熱シールドを十分に施した弾薬類や耐熱性のある容器に収納された状態では発火までの時間は長くなる。また，火薬の収納容器が容易に破壊する構造では，見かけ上反応が穏やかに表れる。このように，IM性はシステム性能である。しかしながら，弾薬類のIM化にとって最も重要な要因が，火薬類のLOVA化であることに変わりはない。

5.1 爆薬のLOVA化

今世紀初頭から軍用爆薬には，C-NO_2結合を有するニトロ化合物が使われてきた。中でもフェノールのニトロ化合物であるピクリン酸は日露戦争では下瀬火薬と呼ばれ，バルチック艦隊を撃破する上で効果を発揮したことはよく知られている。ロシアでは当時，感度の高いニトロセルロースを炸薬に用いたため，着弾した砲弾は甲板や舷側の表面で爆発し致命傷を与えることができなかった。これに対して，海軍省下瀬中佐は，弾殻と反応し極めて鋭敏な化合物を作るピクリン酸を弾殻内の表面処理により充填することに成功し，感度が低い点を利

用して爆薬を艦内で炸裂させて爆発効果を高めたのである。下瀬火薬は鈍感な爆薬を用いて砲弾を IM 化した第 1 号とも考えられる。

その後，ピクリン酸と同等の威力を有し，化学安定性の高いトルエンのニトロ化合物であるトリニトロトルエン（TNT）が高性能爆薬の主流になり，現在も広く使われている。この爆薬の融点が約80℃と低い点を利用し，単体または高融点の爆薬を含んだ状態で融かし，砲弾，機雷，地雷，爆弾などに流し込んで固める溶填法と呼ばれる方式が採用されてきた。しかしながら皮肉なことに，TNT はこの融点が低いという長所が弱点となり，また，爆速も比較的低いことから，軍用爆薬の主役の場を失いつつある。第二次世界大戦中に連合国軍は共同で，ニトロ系（C-NO$_2$）爆薬より高性能が期待されニトラミン系（N-NO$_2$）爆薬を開発した。実用化された爆薬は，研究開発の頭文字を取って RDX（Research and Development eXplosive）と名付けられた（図11－5）。この爆薬の融点は高く約200℃であり，爆速も 8,800 m/sec で TNT の 6,800 m/sec と比べて高い。この RDX と TNT を混合して溶填したものがコンポジション B（Comp. B）であり，砲弾の炸薬や成形炸薬並びに初期のミサイルの弾頭に

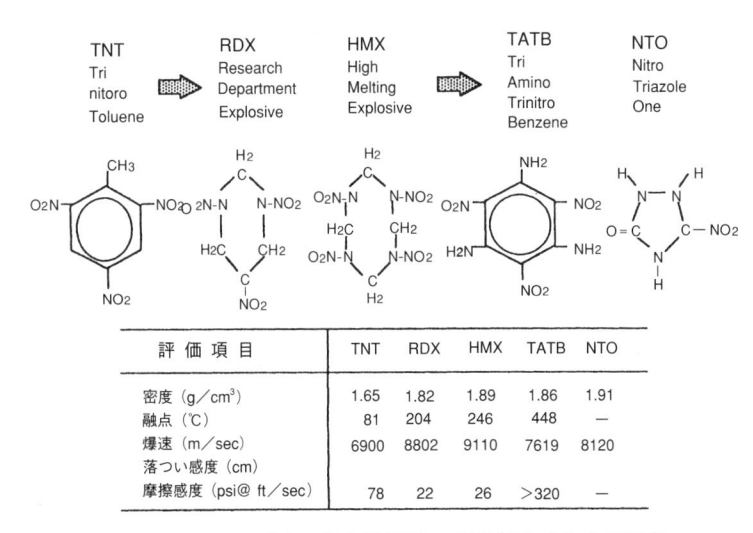

評 価 項 目	TNT	RDX	HMX	TATB	NTO
密度（g/cm³）	1.65	1.82	1.89	1.86	1.91
融点（℃）	81	204	246	448	—
爆速（m/sec）	6900	8802	9110	7619	8120
落つい感度（cm）					
摩擦感度（psi@ ft/sec）	78	22	26	>320	

図11－5　TNT 以降の化合物弾薬の化学構造式と主要性能

広く用いられた。

ミサイルが高速化し，特に空対空ミサイルでは空力加熱により弾頭内のコンポジションBが融解する問題が起きた。そこで粉状爆薬（RDX）をプラスチックで固めたPBX（Plastic Bonded eXplosive）が開発され，この問題を解決した。第一世代のPBXの誕生である。ニトラミン系爆薬の高融点化の研究から，融点が約250℃のHMX（High Melting eXplosive）が開発された。この爆薬は現在最も強力な爆薬成分として，特に小型軽量で高性能を要求される弾頭に使用されている。オクトールは，HMXとTNTの混合爆薬で，溶填法で製造される。図11－5には，RDXから現在使用可能な低感度爆薬の化学構造式と主要性能を示す。TATBやNTOは，性能はRDXやHMXに比べて低いが，感度が低いのが利点である。

90年代に入って，低感度で強力な爆薬の研究開発が米国を中心に推進され，特異な五体構造を有する高エネルギー密度物質（High-Energetic Density Materials）が開発されている。最近，二階建ての屋根構造を有する高エネルギー密度物質が合成された。図11－6に，二種類の新しい爆薬の化学構造式と主な物性並びに性能を示す。

爆薬のLOVA化すなわちPBX化は，着実に発展し世代を重ねて改良が進められ，使用目的別の枝分かれも進展してきた。米海軍はPBXの適用が最も

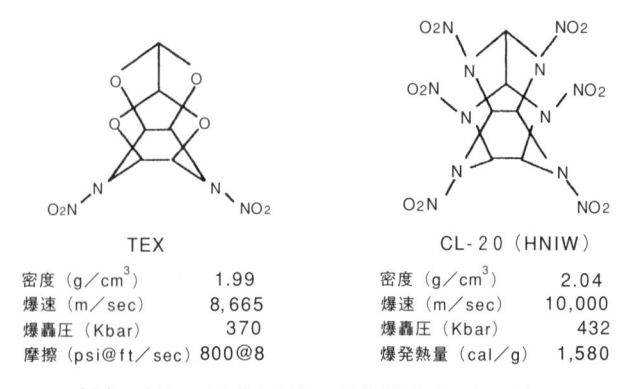

TEX		CL-20（HNIW）	
密度（g/cm^3）	1.99	密度（g/cm^3）	2.04
爆速（m/sec）	8,665	爆速（m/sec）	10,000
爆轟圧（Kbar）	370	爆轟圧（Kbar）	432
摩擦（psi@ft/sec）	800@8	爆発熱量（cal/g）	1,580

図11－6　将来の新しい低感度爆薬の化学構造式と主な特性および性能

難しいと考えられてきた旋転弾への填薬技術を完成し，5インチ砲弾のIM化に成功しているようである。わが国でも80年代に入ってPBXのライセンス生産を開始し，スパローやサイドワインダーの弾頭や魚雷の弾頭をPBX化してきた。同時に，わが国でも独自にPBXの研究を開始し，1983（昭和58）年に防衛庁技術研究本部第一研究所が実施した研究試作では，高性能で低感度な次世代のPBXを製造する見通しを得た。公表されているPBXの開発の歴史を，年代を横軸にして爆速と衝撃感度を縦軸に取った図11－7に示す。この図から，爆薬の高性能化とLOVA化が着実に発展してきたことが分かる。

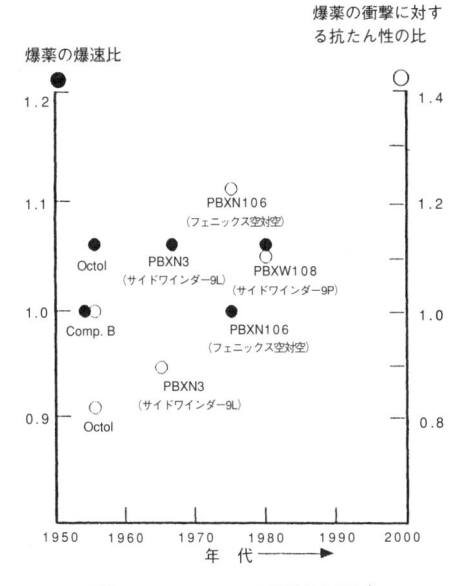

図11－7　PBXの開発の歴史
（爆速対衝撃感度〈カードギャップ試験〉）

5.2　発射薬のLOVA化

発射薬の主原料には一世紀以上にもわたり，ニトロセルロース（硝化綿）やニトログリセリンなどの硝酸エステルが使用されてきた。シングルベース発射薬はニトロセルロースを溶剤に溶かして成型し，乾燥したものである。同様な製法で，ダブルベース発射薬はニトロセルロースとニトログリセリンから製造される。野戦砲の発射薬として現在広く使われているトリプルベース発射薬は，第二次世界大戦中にドイツ軍が，ダブルベース発射薬の性能を損なわずにガンエロージョンを低減する目的で，約半分をニトログアニジンで置き換えたものである。

1979（昭和54）年7月，米陸軍と海軍は共同でLOVA発射薬の開発を開始

した。米海軍は1980（昭和55）年に，すべての弾薬を1995（平成7）年までにIM化することを宣言し，弾頭や水中武器のIM化には成功してきたが，発射薬のLOVA化は遅れている。米国での従来発射薬の最後の制式名称はM31（トリプルベース）であるが，最近XM43のXが取れてM43と呼ばれるLOVA発射薬が初めて登場した。この間に多くのXMシリーズが試製され評価されたが，要求を満足せず消えていったものと思われる。M43発射薬は，10年以上前に米陸軍研究所（ARL）で選定したCABと呼ばれる不燃化セルロース系バインダー（燃料兼結合剤）とRDXを主体とするもので，機械的強度の向上のためニトロセルロースを加えるなど苦労の後が見られる。わが国でもこの発射薬と同様の発射薬組成物を試製して評価したが，性能のバランスが悪く普及するかどうか疑わしい。図11-7に示したように，爆薬の高性能化とLOVA化は着実に進歩してきたのに対し，なぜ発射薬のLOVA化が困難であるかを以下に説明する。

　発射薬をLOVA化する発想の原点は，高性能爆薬でかつ有機酸化剤と言えるニトラミン（主にRDX）をバインダーで固めたコンポジット発射薬を造ることにあった。従来の発射薬と同等以上の推進性能を得るためには，微粉状のRDXを70〜80 wt%も混入する必要がある。

　第一の問題は，この高いRDX含有量から起こる機械的強度の低下である。ほとんどすべてのバインダーと接着性の悪いRDXをこのように大量に含んだ発射薬では，点火の衝撃や燃焼時の高圧に耐えるために必要な機械的物性を確保するのは困難である。この種のコンポジット発射薬は，組成的に爆薬PBXに近いが，PBXの場合は弾頭内にブロック状に充填されるため，機械的強度はあまり必要ではない。これに対して，発射薬はグレインと呼ばれるマカロニ状の小さな多孔粒体に成型されるので，粘りのある硬い性状のものでなければならない。柔らかいとグレインが大変形を起こし，多孔内への火炎の伝搬が妨げられて不均一燃焼を起こし，所要の推進力を得ることができない。一方，発射薬が脆いと点火のショックでグレインが破壊され，異常燃焼を起こす可能性が高くなる。特に，低温ではバインダーの脆化が進むのでグレインが破壊されや

すく，異常に高い燃焼圧力により大砲の閉鎖機を吹き飛ばす事故を起こす危険性がある。少し違いはあるが，発射薬の世界でもこれまでロケット推進薬の世界で経験してきたような，高性能化と物性の向上との戦いが始まったのである。

第二の問題は，一般にRDXコンポジット発射薬の線燃焼速度は低く，圧力に対する線燃焼速度の感度（圧力指数）が1に近い高いことである。見かけの燃焼速度はグレインを小さくすれば高められるが，グレインの孔径の加工には製造上の限界があり，あまり小さくできない。従って，コンポジット発射薬を小中口径の火器へ適用することが制限されることになる。発射薬は非定常な燃焼をするので，ロケット推進薬ほど問題とはならないが，圧力指数が高い点は好ましくはない。

第三の問題は発射薬のエロージョン性であり，これが最大の障害であった。これまで，ガンエロージョンは発射薬の燃焼温度に比例し，燃焼温度が低ければエロージョンは小さいというのが定説であった。RDX系コンポジット発射薬は，一般に燃焼ガスの平均分子量と燃焼温度が低いのが特徴であり，開発当初はガンエロージョンが小さくなると予想された。しかしながら現実には，この種の発射薬は，燃焼温度が従来発射薬より低いにもかかわらず，砲身の薬室（燃焼室）に近い部分でエロージョンが増大するという驚くべき実験結果が報告されてきた。わが国でも，ほぼ同時期に燃焼温度が低いRDX系コンポジット発射薬が異常に大きなエロージョンを起こすことを射撃実験で確認していた。世界的には従来の定説に反するこのような実験事実は受け入れられておらず，原因についても明らかではない。

これまでに述べた，発射薬のLOVA化を達成するために解決しなければならない主な課題を模式的にまとめると図11－8のようになる。この図で円内に示したLOVA発射薬に要求される主な要素間には，相反する矛盾関係と一致する関係が複雑に存在している。これらすべてを満足するLOVA発射薬を開発することが，いかに困難であるか容易に理解できると思う。

ここで，わが国におけるLOVA発射薬の研究開発の取り組みを紹介する。わが国では，LOVA発射薬の本格的な研究開始に先立ち，発射薬のエロージョ

ンの問題が鍵を握るという認識で関係者の意見が一致した。そこで，1989（平成元）年に火器弾薬関係機関および関連会社が参加したガンエロージョン懇談会を設立し，引き続き若手研究者によるガンエロージョン研究会が発足して，以来この問題の解明に官民挙げて取り組んできた。その結果，RDX系コンポジット発射薬では，燃焼ガス中の水素ガス濃度がエロージョンを支配することを見出した。水素ガス濃度を適正化するには，

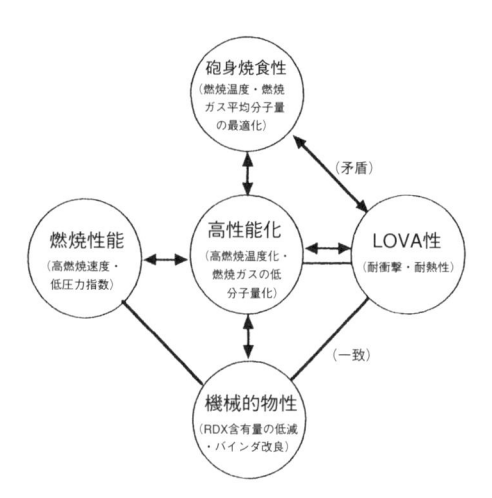

図11－8 RDX系LOVA発射薬開発の主要課題と相互関係

RDX含有量を従来の半分程度（約35％）にする必要があり，これを実現するには不活性バインダー（例えばアセチル・ブチルセルロース（CAB））は不適当で，酸素を含有するエネルギーバインダーが必要であるという結論に達した。そこでニトロセルロース（NC）の難燃化を試み，アセチル化ニトロセルロース（CAN）を合成し，これをバインダーとする数種類のLOVA発射薬を試製して各種試験で評価した。図11－9に3種類のセルロース系バインダー（NC，CAB，CAN）の化学構造式を示す。これら3種類のセルロースエステルは，

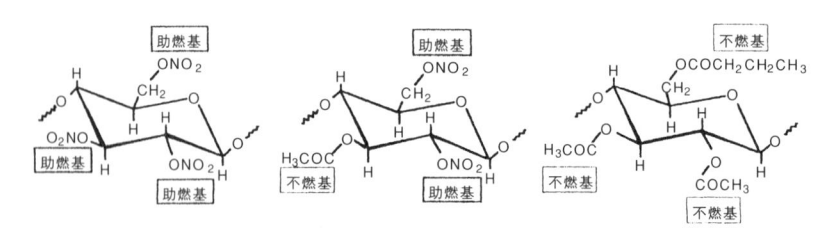

ニトロセルロース
Nitrocellulose(NC)

難燃化ニトロセルロース
Cellulose Acetate Nitrate(CAN)

アセチル・ブチルセルロース
Cellulose Acetate Buthylate(CAB)

図11－9 従来発射薬用バインダー（NC）およびLOVA発射薬用バインダー

置換基が異なることにより化学的および機械的物性が大きく異なる。CAN は不燃基と助燃基の割合を任意に変えることができ，エネルギーや安全性に対する幅広いニーズに柔軟に対応可能なバインダーである。

わが国で初めて開発された CAN-RDX 系 LOVA 発射薬は，従来の発射薬（M30A1）や CAB-RDX 系 LOVA 発射薬（M43）より高エネルギーで低エロージョン性を有することが確認できた。RDX コンポジット発射薬の異常なガンエロージョンの理論的解明についても一定の成果が得られ1996年の国際弾道学会に報告した。これにより，LOVA 発射薬の実用化の速度が加速されるものと期待する。図11－10は，燃焼性とエロージョン性のほかに，火薬の力と点火性能並びに2項目の LOVA 性（銃弾衝撃感度とファストクックオフ）の全6項目について，従来発射薬（M30A1）の性能をそれぞれの項目で100として，2種類の LOVA 発射薬の性能を比較した。この図では，外側に向かうほど各項目の性能が好ましいとした。米国の M43に近いと思われる CAB-RDX 系 LOVA 発射薬では，LOVA 性は高いがほかの性能が劣りバランスを欠いている。これに対して，CAN-RDX 系 LOVA 発射薬は LOVA 性を有し，かつ高性能で燃焼性もほぼ従来発射薬に近く，エロージョン性は従来発射薬より低く，バランスが取れているといえる。

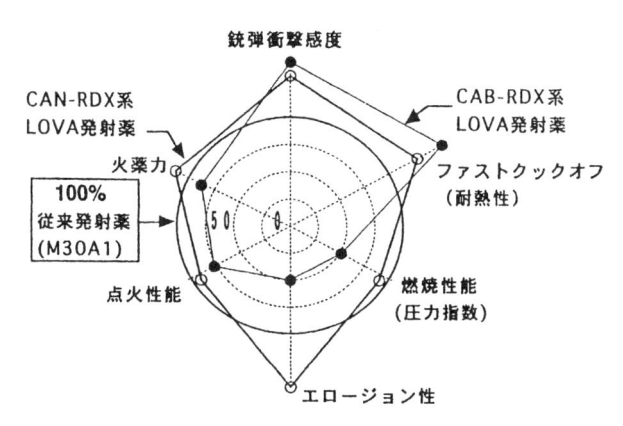

図11－10 CAN, CAB 系発射薬と NC を用いる従来発射薬（M30A1）の各種性能比較

6. IM 化の将来

　弾薬類の IM 化は，従来ややもすると性能追求に偏りがちな研究開発で忘れ去られてきた安全性や抗たん性を改善する努力である。欧米では新規な IM 化弾薬を開発する一方で，在来弾薬についても例外なしに改善を義務づけており，改善不可能なものについては廃棄している。このように徹底した姿勢により，将来は偶発的な事故や戦闘状態での被弾に耐える弾薬類が装備され，兵員の残存性や戦場における継戦能力が飛躍的に増大すると考えられている。

　性能が劣化したり，安全性が保証できなくなった爆薬を処理する件に関しては，海洋投棄ができなくなった今日では重要な課題である。先進諸国では，3 R（Resources, Recovery and Recycling）をスローガンに，すでに安全で経済的かつ効率的な弾薬の解体処理と火薬のリサイクルを行っている。この点でわが国は大きく遅れており，早急な対応が必要と思われる。

第12章

非定常運動

1. 非定常運動について

　火器・弾薬の基礎技術は砲内弾道，過渡弾道，砲外弾道，終末弾道，信管，弾薬と大別され，それらの技術に共通して近年研究されているのが数値シミュレーション技術である。かつては火器・弾薬の特徴である超高速・超高温現象は数値シミュレーションが困難であったが，電子計算機関連技術の飛躍的進歩と計測・解析技術の急速なコンパクト化，高速化，廉価化により，火器・弾薬の非定常，超高速，超高温ガスの分野にもその技術が波及してきている。ここでは数値シミュレーション技術による極めて短時間内のガス流の現象と砲弾の非定常な運動の概要を説明する。また近年の技術進歩と廉価化に伴う種々の火器・弾薬システム改良に対する砲弾構成要素の数値シミュレーションについても概要を記載する。以下「数値シミュレーション」のことを単に「シミュレーション」として用いる。

2. 火器・弾薬におけるシミュレーションの役割

　「シミュレーションで何が分かるか？」という設問に対して，その説明用に例に出されるのが，図12−1の「未知領域」，「可観測領域」，「可制御領域」である。現象が極めて速い火器・弾薬の分野の実験，試験は計測が容易でないことと相まって，どのような事象が起こったかを矛盾なく説明できることが非常に重要である。すなわちシミュレーションの役割の一つは数少ないデータから現象を再現することであり，図12−1を用いると「未知領域」から「可観測領域」に入

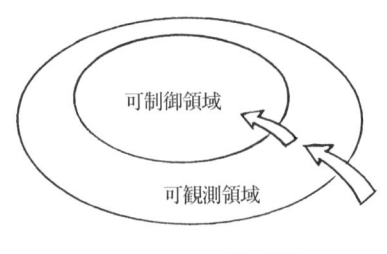

図12−1　シミュレーションの役割

ることである。もう一つの役割は互いに密接に関連する砲内，過渡，砲外，終末弾道，弾薬，信管を有機的に統合し，射程，威力，精度の向上要求に対しその方法を求める最適設計，あるいは試験の不具合対策の立案や，さらに目標達成のための試験の絞り込み，安全確認を兼ねた困難な試験の代用などであり，図中の「可観測領域」から「可制御領域」に入ることであると考えられる。

3．非定常ガス流と非定常運動のシミュレーション方法

　火器・弾薬の現象は発射薬の持つ膨大なエネルギーの約30％近くは，砲弾の運動エネルギーとして使われ，残りの巨大なエネルギーは運動および熱エネルギーとして砲身，砲弾，周囲空気へ衝撃的に加えられる。またさらに飛翔する砲弾の運動エネルギーおよびその内蔵さく薬の爆ごうエネルギーは攻撃目標に向けられる。これら膨大なエネルギーの極端に短い時間内の生成および消滅は種々の複雑な現象となり，反応，解離，固体内の衝撃波現象など広い分野にわたっている。ここではそのエネルギーの移行に大きく影響するガス流に関した発射薬の起爆から砲弾の飛翔までのシミュレーションを扱う。

　ガス流のシミュレーションの概略を図12－2に示す。実用化を主に検討するため，横軸にシミュレーションに用いる解析要素数を取り，縦軸にはガス流の特性，すなわち粘性，圧縮性，反応／燃焼，解離などの特徴を示す無次元数の数を便宜的に解析次元数と名付け，これを取る。

　ガス流の解析はナビエ・ストークス方程式を解くことを基本としているが，この式は非線形で現象を局所的に平均化すると，そのままでは解けないため実験より補助方程式を付加している。その補助方程式の中に含まれる変数の数により0 EQN（0方程式モデル），2 EQN（2方程式モデル），STRESS（応力方程式モデル）となる。またこれら実験近似式によらず流れの乱れに相当する小さい領域まで解析を細かくし，平均化したものでなく流れ本来の乱れの挙動を求め，それを通常の有効なレベルまで拡張するDNS（直接シミュレーショ

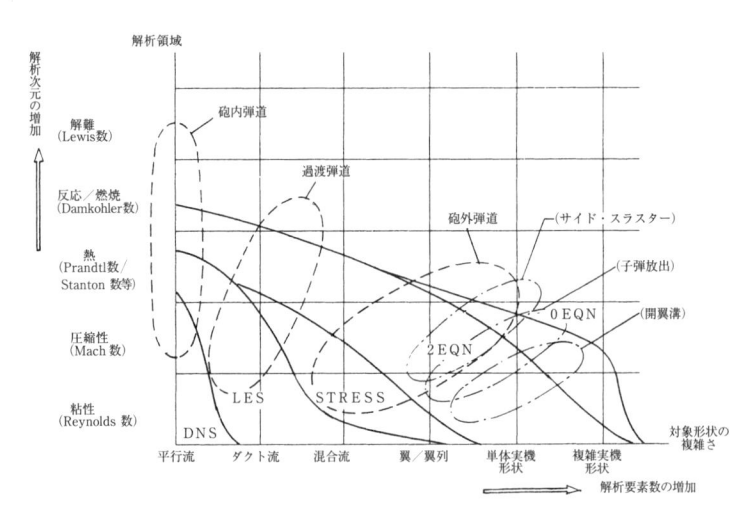

図12−2　流体数値計算方法の概略

ン）および，もう少し大きな渦度のレベルで解析する LES（Large Eddy Simulation）がある。これら乱れの解析精度の向上の概略を図中に領域で示す。

　砲内弾道，過渡弾道，砲外弾道および砲弾構成要素例（子弾放出，サイド・スラスタ，開翼溝）へシミュレーションを適用する場合の解析要素数，解析次元数の概略領域を図中に与える。これら領域，手法は必要としている事柄，すなわち，形状による現象の相違か，反応や衝撃波などの現象の特徴か，あるいは剥離などに関する乱れの精度の度合により大幅に異ってくる。図12−1で砲弾関連は解析次元数が増える方向であるが，解析次元が一つ増えることは一つの学問分野が増えることに相当し容易ではない。図中で対応する解析方法が書かれていない領域は，いまだ実用的な検討方法が見い出せない領域で，特に砲内弾道に捉え切れない部分が多いと思われる。

　実際問題としては概略傾向ではあるが，反応／燃焼はまだ本格的な研究が始められたばかりで，形状に主体を置いて反応・燃焼ガスの流れを予測するか，反応／燃焼現象解明に主体を置き形状，空気流の方は簡略化して求めているようである。

4. 砲内弾道への適用

　発射薬の反応が開始する状況を可視用の窓から高速回転反射鏡により撮影した写真例を図12－3に示す。これまで砲内弾道の数値的や解析的なシミュレーションは種々成されてきているが，特にこの領域は単純化しにくい現実の化学反応で，多相流であり，いまだ現存する理論モデルではその現象自体を見通すことができていない。

　砲弾の始動開始時の砲の外からX線で透視した写真の一例を図12－4に示す。発射薬の装填状態が若干異なるが，発射薬が粒となり砲弾に追尾して行っている様子が分かる。

　図12－5に砲身内で加速中の砲弾の様子を簡略化して示す。この段階では小さい粒子と大きな粒子の分離，燃焼の進行による粒子の小型化，および粒子の

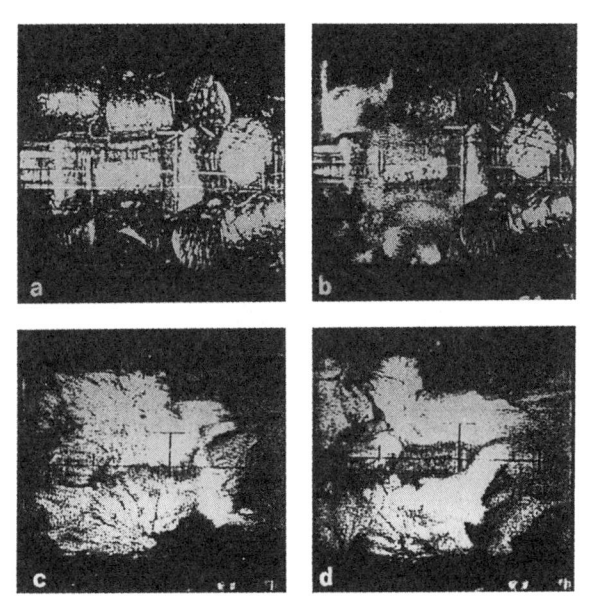

図12－3　発射薬の反応開始付近の高速写真

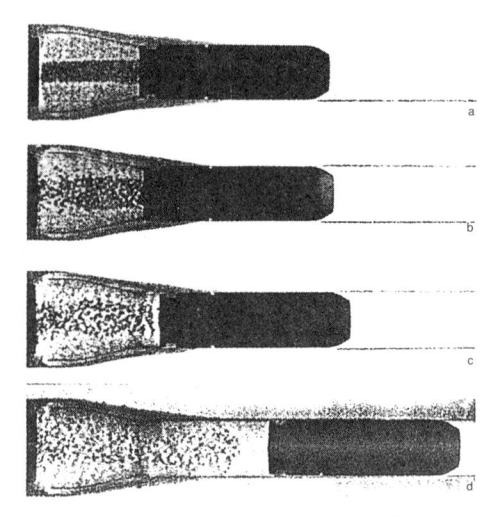

図12-4　砲弾始動時の高速X線写真

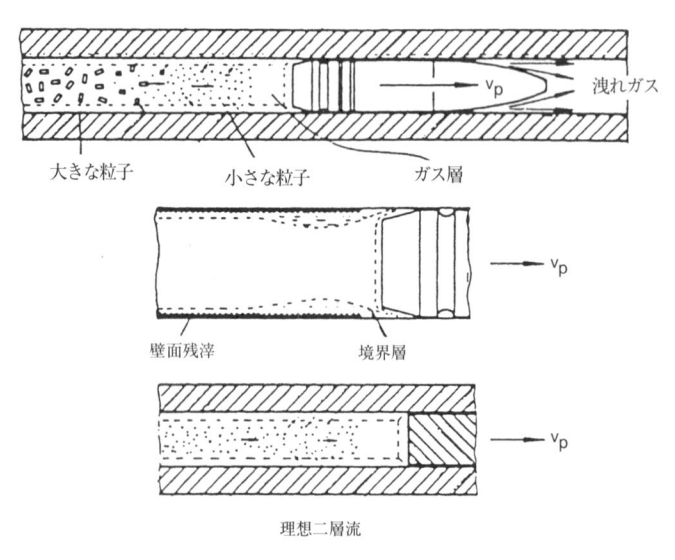

図12-5　砲弾加速中の砲身内の様子

大きな粒子　小さな粒子　ガス層　洩れガス

壁面残滓　境界層

理想二層流

部分燃焼が行われる。また砲身の内面には燃焼後の残滓が付着する。特に疲労寿命やエロージョン対策のために付与された物質は，境界層の中に集積して流れ，半径方向の温度勾配を緩和して，砲身寿命に重要な役割をすると考えられている。この領域でのモデル化は1960年代から開始され，1970年代にガスと発射薬粒子の巨視的な関係式が導入され，数多くの二相流モデルが作られ解析に用いられてきている。ただし砲内弾道は解析領域が固定壁で囲まれた内部流のため，シミュレーションは入口，出口の境界条件の与え方で大きく左右されてしまう。特にこの場合は入口条件に対応する砲弾の始動直前の状態が予測困難のため，実験に依存する面が大きい。

5. 過渡弾道への適用

　日本でも過渡弾道の研究は行われており，米国航空宇宙学会先進航空宇宙講座シリーズ第139巻「砲口火焔と爆風」(1992 (平成4) 年発行) の中でも，第17章「日本の研究」という一つの章が設けられているくらいである。なお，第13章がフランス，第14章がドイツ，第15章がイギリスの研究である。第17章の序文の最初から数行を抜粋すると「1937 (昭和12) 年～1943 (昭和18) 年の間，Dr. Tetsuzo Kitagawa は平塚海軍工廠に勤務し，注目すべき砲口火焔の研究を行った。1949 (昭和24) 年博士論文を提出し，その内容は一編の英文論文に纏められている。論文は5章から成っており可能な限り元の英文を残すようにして説明する……」。米国航空宇宙学会の最近のシリーズでも取り上げている。

　過渡弾道は非定常な砲口火焔と拡散するガス流，およびそれにより弾道を乱される非定常な砲弾の運動を対象とし，特に，砲弾の加速，弾道の乱れ，制退器，騒音などが問題となる。近年の宇宙ロケット関連の発展と電子計算機の急速な進歩により，この領域にも参考になる解析が行われてきている。

　爆風による飛翔体の加速に関する非定常解析では，定常解析の収束加速手法が使えず解析時間は約10倍近くかかってしまう。さらにこの場合は静止座標系

の発射口と移動座標系の飛翔体の両方を同時に扱うため，複合格子法を導入し膨大な計算を行っている。この結果，発射管からの爆風と運動物体が作る衝撃波が干渉し，物体後部が高圧になっており，飛翔体の加速のメカニズムが少し解明され始めている。

　爆風が砲弾を追い抜いていく際に，燃焼ガスは膨張して温度が低くなり速度の遅くなった爆風を砲弾が追い抜く状況が起こる。この場合に似た宇宙ロケット関係の研究を図12－6に示す。物体が先行衝撃波を追い越す場合には，物体後方の伴流も図では分かりにくいが急に大きくなり，非対称な乱れ

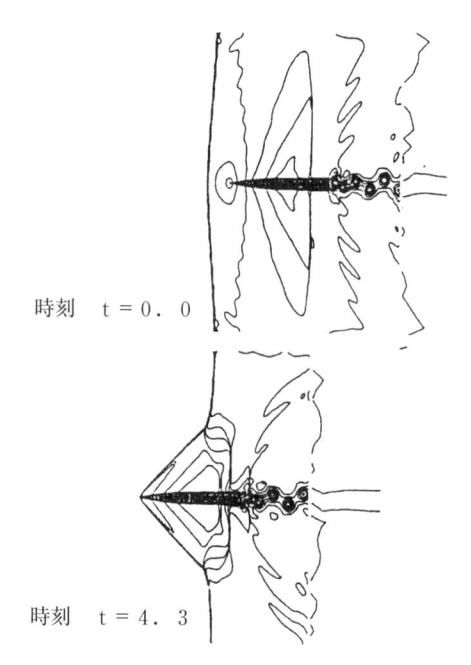

時刻　t＝0.0

時刻　t＝4.3

図12－6　先行衝撃波を追い越す物体周り密度分布

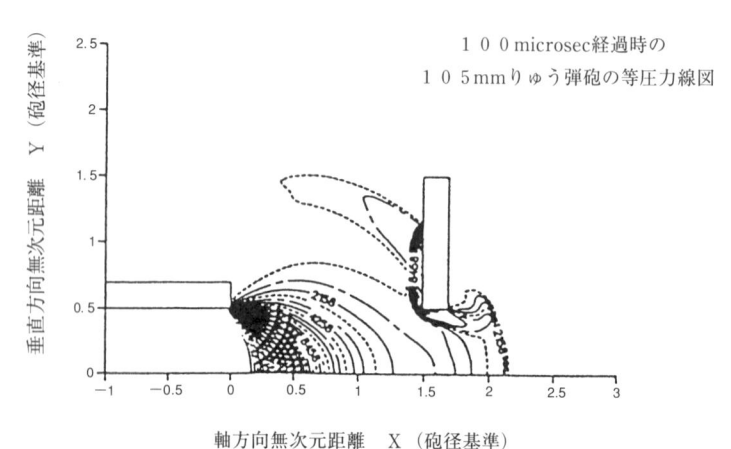

１００microsec経過時の
１０５mmりゅう弾砲の等圧力線図

図12－7　爆風の解析例

が働き,これら空気力の変動が物体軌道に大きく影響するようである。弾道への影響はこのほかにも砲内洩れガス,制退器内の砲弾の振れ,砲弾の旋転などあり,極めて難しい解析問題である。

制退器の設計,防音壁の設計のための拡散する爆風の解析例を図12-7に示す。解析は砲口周囲に取り付けられた圧力計測値と比較され非定常な挙動まで良い一致を示している。

6. 砲外弾道への適用

旋転する砲弾周りの流れを煙風胴で観察すると,斜流や回転下の境界層の発達が誘起されているのが確認されるが,いまだ未知の面が多く,不安定要素を含む流れが観測されている。これにさらにみそすり運動により複雑に変化する衝撃波が重畳するため,運動を表す実験式は複雑になる。特にマグナス・モーメントに関連した空力微係数の取得には非常に経験的な技術が必要とされ,長い習熟期間が必要になり,各国とも熟練者は少ないようである。

砲弾の先端形状に関しては,徹甲弾の先端に平頭弾を極端にしたような窪みを取り付けると,先端衝撃波が安定化することを実験とシミュレーションで検証した研究も出てきている。

砲弾の弾底部の渦の状況をシミュレーションした結果を図12-8に示す。弾底の一部を図では省略しているが,流れが大きく乱れロスが大きいことが予想される。この弾底部の流れを改善し射程距離をのばすベース・ブリード技術も大きな成果を挙げている。

図12-8 砲弾弾底部渦のシミュレーション

これらの例からも予想できるように，砲外弾道の空力技術の向上のためには，回転模型を用いた支持影響の少ない風洞実験が今後必要になってくると考えられる。

7. 砲弾構成要素への適用例

砲弾に関係した非定常空力現象のシミュレーションは，発射装置，発射薬および発射ガス，飛翔体，外部空気の設定の仕方により，いろいろな場合で検討可能となる。

7.1 子弾放出

野戦砲の分野では子弾を放出するカーゴ弾が大きな流れを占めてきている。親弾から子弾を放出する解析例を図12－9に示す。この場合は回転する発射装置から一定速度の外部流れへ子弾を発射するのに相当している。解析結果は実験と良い一致を示し，設計，実験にも反映されている。なお，この解析では空気力よりも子弾間に働く力に注意がより多く払われている。

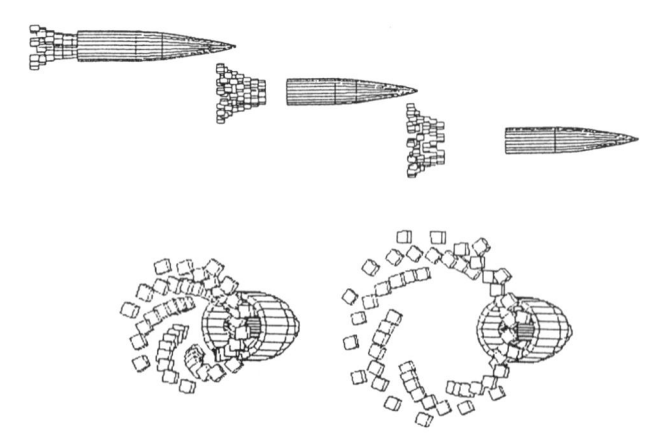

図12－9　子弾放出シミュレーション

7.2 サイド・スラスター

 弾道を微修正する試みは各国で行われており，火薬を用いたサイド・スラスター方式は極めて短い時間内に対応が可能なため，砲弾に適した一つの方法であろう。解析例を図12－10に示す。この場合には砲外弾道の時と同様に入口条件，すなわちサイド・スラスター出口形状および火薬粒子を含んだ燃焼ガスの噴出条件の決め方に注意する必要があると思われる。

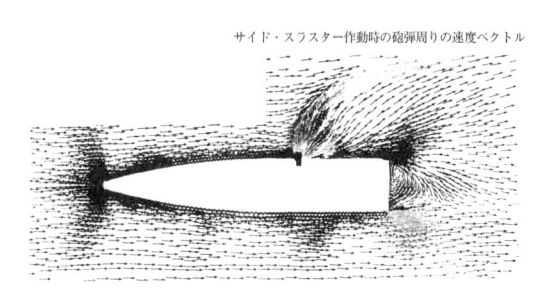

図12－10　サイド・スラスターの計算格子と速度ベクトル

7.3 開翼溝

 砲弾が砲口を出ると安定翼が展張され，弾道のほぼ中間で操縦翼が展張されて，弾道微修正を行う機構になっているものもある。この場合翼の収納のための溝が展張時に大きな二次流れを誘起し，当初の予測値と実験値が異なり，その改良研究が報告されている。

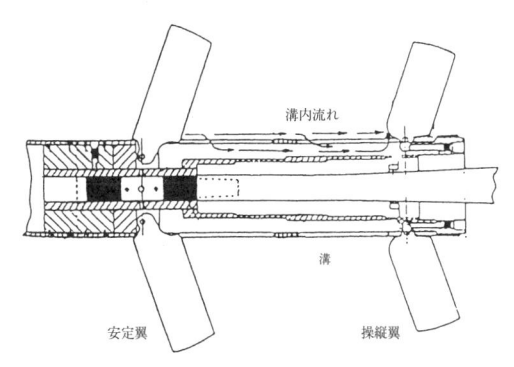

図12－11　カバー・ヘッドの溝形状

りゅう弾砲用カバー・ヘッドの例を図12－11に示す。このような翼周りの二次流れ解析は，必ずしも非定常ではないが，今後，数値シミュレーションが最も役立ちやすい対象の一つでもある。

＜参考文献＞

3 - 1) Jane's World Defence (19950000).
3 - 2) Brigitte Sauerwein, "Rheinmetal's NPzk Conventional Technology for Countering Future MBTs", International Defence Review 2/1990, p. 191.
3 - 3) Christpher Fass, etc, "Big Tank Guns Aims at Trans-Altrantic Accord", Jane's Defense Weekly, 1993, 1. 30, Vol. 19, No. 5, p. 6.
3 - 4) H. Peter, R. Charon, J. P. Chabreirie, "Metaric Railgun Armatures", 5th European Symposium on EMLT, 1995, No. 1.
3 - 5) J. H. Gully, "Power Supply Technology for Electric Guns", IEEE Trans, on Mag. Vol. Mag-27, No. 1, Jan. 1991.
3 - 6) F. Jamet, "Some Aspects of Future Military Requirements" 6th Symposium on Electromagnetic Launch Technology, Apr. 28-30, 1992.
3 - 7) H. G. G. Weise, R. Dormeval, P. Noiret, "Electrothermal Accelerators-A Brief Overview on the Work performed within the Trilateral European Electric Gun Programme", 5th European Symposium on EMLT, 1995.
3 - 8) R. M. Ogokiewicz, "Anglo-American EM Gun Range", International Defence Review, 1991, Vol. 8, No. 22.
3 - 9) C. D. O'callaghan, "The UK Military Perception of Electromagnetic Technology", 6th Symposium on Electromagnetic Launch Technology Apr. 28-30, 1992.
3 - 10) "Leopard 2 Improved", International Defence Review, 9/1990, Vol. 23, p. 1277.
3 - 11) Army Science Board, "Electromagnetic/Electrothermal Gun Technology Development", Dec. 10, 1990, AD-A236 493.
3 - 12) F. Jamet etc. "Some Aspects of Future Military Requirement", "6th Symposium on Electromagnetic Launch Technology", Apr. 28-30, 1992.
3 - 13) R. M. Ogorkiewicz, "Electromagnetic Launcher Facility Completed", International Defence Review, Nov. 1992, p. 727.
3 - 14) The Department of Defense "Critical Technologies plan", May 1. 1991.
3 - 15) The Department of Defense "The Balanced Technology Initiative Annual Report" March, 1991.
3 - 16) 火薬ハンドブック, 工業火薬協会編　共立出版　1989。
3 - 17) 陸上幕僚監部, 火砲の原理, 昭和60年12月。
3 - 18) 堀ほか, 最新防衛技術大成, (株) R & Dプランニング, 昭和60年。
3 - 19) 火薬ジャーナル, No. 25, 1991「ユニチャージについて」。
4 - 1) Handbook on Weaponry, p. 362, Rheinmetall (1982).
4 - 2) Encyclopedia of Explosives and Related Items, "Erosion of Gun Barrel", pp. E112-E120, Picatinny Arsenal, Dover, N. J. (1960).
4 - 3) C. K. Thorhill, "An Analysis of Gun Erosion", ARE Report, Vol. 38, p. 47 (1947).
4 - 4) F. R. W. Hunt, Internal Ballistics, Philosophical Library, New York (1950).

4 - 5) A. J. Bracuti et al., "Evaluation of Propellant Erosivity with Vented Erosion Apparatus", Ballistics, p. 1047 (1981).
4 - 6) R. M. Fisher, "Characterization of "White layer" and Chrome Plating of Fired Cannon and on Laboratory Simulation Samples", ADA116284 (1982).
4 - 7) D. C. A. Izod and R. G. Baker., "Gun Wear : An Account of UK Research and New Wear Mechanism", RARDE (1982).
4 - 8) R. S. Montgomery et al., "A Review of Recent American Work on Gun Erosion and its Control", Wear, Vol. 94, p. 193 (1984).
4 - 9) L. Ahmad, "The Problem of Gun Barrel Erosion: An Overview", Gun Propulsion Technol., Progress in Astro. and Aeronautics, Vol. 109 (1988).
4 -10) E. B. Fischer et al., "The Role of Carburization in Gun Barrel Erosion and Cracking Relative Erosivity", JANAF Propul. Meeting, Vol. 2, p. 455 (1981).
4 -11) G. N. Krishnan et al., "Effect of Transient Combustion Species on 4340 Steel", SRI International, Melon Park, CA, Contract DAAG29-78-C0022, May, 1979.
4 -12) 中塚,「発射薬のエロージョン特性」pp. 52-54, 火薬ジャーナル, No. 25 (発射薬特集号) 日本油脂 (1991)。
4 -13) 泉, 吉岡「新発射薬の性能確認試験」防衛庁技術研究本部技報 (部内)-584 (1985)。
4 -14) B. Lawton, "Thermal and Chemical Effects on Gun Barrel Wear", 8th International Ballistic Symposium", II-27〜33 (1984).
4 -15) 小林「ガンエロージョンに及ぼす燃焼ガス成分の影響に関する解析的研究」防衛庁技術研究本部技報, 第5761号 (1990)。
4 -16) 丸山, 木村, 林, 清水「高性能LOVA発射薬の研究 (第2報)」平成7年度防衛庁技術研究本部研究発表会 (公開) 発表要旨。
4 -17) 重松, 平成5年度火薬学会秋期研究発表講演会要旨, pp. 85-86 (1993)。
4 -18) 前川, 第3回ガンエロージョン技術懇談会講演, 防衛庁第1研究所 (1989)。
4 -19) 中塚, 第3回ガンエロージョン技術懇談会講演, 防衛庁第1研究所 (1989)。
4 -20) 加藤木, 寺尾, 中塚, 吉田「ガンエロージョンの発生形態とその評価法に関する一考察」防衛技術, Vol. 12, No. 10, pp. 36-41 (1992)。
4 -21) 増田, 第3回ガンエロージョン技術懇談会講演, 防衛庁第1研究所 (1989)。
4 -22) J. R. Ward et al., Wear, 60, pp. 149-155 (1980); ARBRL-TR-0238 (ADA085717) (1980).
4 -23) D. L. Kruczynski and I. C. Stobie, "Measuring and Comparing Temperature Effects of US and Other NATO 155-mm Propelling Charges and Projectiles with and without Obturators, PD-21 (1988).
5 - 1) C. L. Farrar & D. W. Leeming; Military Ballistics.
5 - 2) J. K. Biele; Gun Dynamic Effects to Jump of Smooth-bore Tank Guns, 8th International Symposium on Ballistics, LDII-16.
5 - 3) P. Plostns, I. Celmins & J. Bornstein; The Effect of Sabot Wheelbase and Position on the Launch Dynamics of Fin-stabilized Kinetic Energy Ammunition, 12th International Symposium on Ballistics, p. 163-178. 1990.

5 - 4) D. N. Bulman & J. B. Hoyle; Accelerometers and their Use for Measuring the Trans Verse Motion of Gun Barrels, 15th International Stmposium on Ballistics, p. 283-290. 1995.
5 - 5) X. Rui & M. Xu; Application of Transfer Matrix in Launch Dynamics, 14th International Symposium on Ballistics, p. 539-545. 1993.
5 - 6) T. D. Taylor & T. C. Lin; A Numerical Model for Muzzle Blust Flow Fields, SD-T6R-80-79. 1980.
5 - 7) L. Yean-Kai, T. Chang-Hsien, H. Wen-Hu & L. M. Fulong; 14th International Symposium on Ballistics, p. 519-528.
5 - 8) 渡辺力夫，藤井孝蔵 & 東野文男；衝撃波を通過する物体周りの数値シミュレーション，第8回数値流体シンポジウム講演論文集，p. 33-36. 1994.
5 - 9) Fraunhofer-Institut fur Kurzzeitdynamick, Ernst-Mack-Institut; Pamphlet.
5 -10) M. VanDyke; An Album of Fluid Motion, Parabolic Press 1982.
6 - 1) C. H. Murphy: Free Flight Motion of Symmetric Missiles. BRL Rept. 1216 (AD442747), 1963.
6 - 2) R. Whyte, W. Hathaway: JDA-BARADAS User Mannual, 1990.
7 - 1) 桑田小四郎「弾薬設計の参考－その3」兵器と技術（1969年8月号）。
7 - 2) 高原敏夫「装甲を破壊する成形炸薬」兵器と技術（1979年6月号）。
7 - 3) Ulrich Hornemann, Adolf Schroder and Klaus Weimann "Explosively-Formed Projectile Warhead" MILTECH 4/1987 p. 36-51.
7 - 4) 丹　信義「イラストで読む防衛技術の基礎知識　第5回感知対装甲弾技術」防衛ジャーナル（1995年12月号）
7 - 5) W. P. Walters, J. A. Zukas "Fundamentals of Shaped Charges"
7 - 6) Rheinmentall Weapon Handbook.
7 - 7) 防衛システム研究会編「火器弾薬技術ハンドブック」防衛技術協会。
7 - 8) 新妻清一，井出　茂「成形弾の設計」兵器と技術（1996年11月）。
7 - 9) K. Weinmann "Modeling, Testing, and Analysis of EFP Performance as a Function of Confinement"
7 -10) Mark L. Wirkins: Calculation of Elastic Plastic Flow, Lawrence Livermore Laboratory, Calif., Report UCRL-7322, Rev. 1, 1963.
7 -11) Jacques H. Giovanola "High Strain Rate Materials Characterization at SRI International"
7 -12) N. Kubota, "Propellants and Explosives, Second Edition", Wiley-VCH, 2007.
8 - 1) Amunition For The Landbattle, R. M. C. S., Brassey's Volume 4.
8 - 2) NDS Y 0001C 弾薬用語　防衛庁規格。
8 - 3) J. A. Zukas, ed, "High Velocity Impact Dynamics", John Whiley & Sons, Inc. 1990.
8 - 4) 兵器と技術　(社)日本防衛装備工業会　1981。
8 - 5) Jane's Yearbooks 1995～1996.
8 - 6) Edit. by R. C. Laibe, "Ballistic Materials and Penetration Mechanics", Elsevier

Scientiric Publishing Company 1980.
8 - 7) J. A. Zukas, T. Nicholas, H. F. Swift, L. B. Greszczuk, D. R. Curran, "Impact Dynamics", John Whiley & Sons, INC. 1982.
8 - 8) A. Tate, "A Theory for the Deceleration of Long Rods after Impact", J. Mech. Ohys. Solids, 1967, Vol. 15.
8 - 9) Mervin E. Backman and Werner Goldsmith, "The Mechanics of Penetration of Projectiles into Targets", Int. J. Engng. Sci. Vol. 16, pp. 1-99.
8 - 10) James, D. Walker and Charles, E. Anderson. Jr, "A Time-dependent Model for Longrod Penetration", Int. J. Impact Engng. Vol. 16, pp. 19-48, 1995.
9 - 1) Yves Jo Chrron, "Estimation of Velocity Distribution of Fragmenting Warheads Using a Modified Gurney Method", Sep. 1979, AD A074759.
9 - 2) R. R. Karpp & W. W. Predebon "Calculation of Fragment Velocities from Naturally Fragmenting Munitions", Jul. 1975, AD 007377.
9 - 3) "Warhead-General", AMCP-706290, U. S. Army Material Command, Jul. 1964 AD 501329.
9 - 4) 小林松男, "破片の散飛角度分布および速度分布に関する解析研究（第1報）", 防衛庁技術研究本部技報, Jul. 1994。
9 - 5) 小林松男, "円筒モデル近似による破片効果の数値シミュレーション研究", 防衛庁技術研究本部技報, Mar. 1995。
9 - 6) 千藤三造, "火薬", 共立全書, May. 1979。
9 - 7) 工業火薬協会, "工業火薬ハンドブック", Oct. 1976。
9 - 8) P. C. Chau, "Improved Formulas for Velocity, Acceleration, and Projection Angle of Explosively Driven Liners", Mar, 1983.
9 - 9) G. Randers-Pehrson, "An Improved Equation for Calculating Fragment Projection Angle", Mar. 1977.
9 - 10) Albert G Giere, "Calculating Fragment Penetration and Velocity Date for Use in Vulnerability Studies", Oct. 1959, AD 231590.
9 - 11) 陸上自衛隊武器学校, "終末弾道", Nov. 1979。
9 - 12) 磯部孝, "弾丸の破片質量組成に関する一考察", 火兵学会誌, 1942。
9 - 13) N. F. Motto, "Fragmentation of Shells, a Theoretical Formula for the Distribution of Weights of Fragments", Jan. 1943.
9 - 14) E. S. Lindeijer und J. S. Leemans, "Eine Neue Methode zur Bestimmung der Splittermassenverteilung von Splittermunition", July. 1968.
9 - 15) Manfled Held, "Berechnung der Splittermassenverteilung von Splittermunition", Nov. 1968.
9 - 16) Manfled Held, "Fragment Mass Distribution of HE Projectiles", Mar. 1990.
9 - 17) 松永美之, "砲弾の水井戸試験法と新しい破片組成の式", 兵器と技術, Nov. 1978。
9 - 18) K. A. Myers, "Lethal Area Discription", Jun. 1963, AD 612041.
9 - 19) P. M. Mores & G. E. Kimball, "Methods of Operations Research", Apr. 1950.
9 - 20) 北村昌則, 村上秀徳, "弾丸の設計と数値シミュレーション", 兵器と技術, Sep.

1979。

10-1) "Missile Proximity Fuses from Thomson-CFS", International Defense Review, 1-1984 p. 85～87.

10-2) Merrill I. Skolnik: "Introduction to Radar Systems" p. 562.

10-3) 防衛システム研究会編「火器弾薬技術ハンドブック」p. 302, 防衛技術協会。

10-4) 丹信義「火器・弾薬基礎技術　第7講　終末弾道（その1）化学エネルギー弾」防衛技術ジャーナル6, 7-1996。

12-1) G. Klingenberg, J. H. Heimerl; Gun Muzzle Blast and Flash, Progress in Astronautics and Aeronautics Vol. 139, AIAA 1992.

12-2) 宮原ほか；砲弾における子弾放出の3次元シミュレーション, 弾道学研究5, 1996。

12-3) 阿部ほか；高速輸送機から発生するソニック・ブームの特性について, 第8回数値流体力学シンポジウム, 1994。

12-4) R. J. Zehentner et al.; A Visual Study of the Influence of Nose Bluntness on the Boundary Layer Characteristics of a Spinning Axisymmetric Body, AIAA-81-1901, 1981.

12-5) G. Klingenberg et al.; Review on Interior Ballistic Research State of Art of Computational and Experimental Efforts, Proceeding of the 6th International Symposium on Ballistics, 1981.

12-6) Brochure of Fraunfofer-Institute fur Kurzzeitdynamick, Ernst-Mach-Institute.

12-7) 渡邊ほか；先行衝撃波を追い越す物体の後領域における干渉場について, 衝撃波シンポジウム, 1996。

12-8) W. A. Engblem et al.; Fluid Dynamics of Hypersonic Forward-Facing Cavity Flow, AIAA-96-0667, 1996.

12-9) C. H. Cooke, K. S. Fansler; TVD Calculation of Blast Waves from a Shock Tube and a 105 mm Howitzer, Proceeding of the 9th International Symposium on Ballistics, 1986.

12-10) A. G. Mikhail; Fin Gaps and Body Slots: Effects and Modelling for Guided Projectiles, AIAA-87-0447, 1987.

12-11) 高倉ほか；バリスティックレンジ内の飛翔体に関する非定常流れの数値計算, 第8回数値流体力学シンポジウム, 1994。

〈防衛技術選書〉兵器と防衛技術シリーズ⑥
火器弾薬技術のすべて

2008年3月1日 初版 第1刷発行

編　者	防衛技術ジャーナル編集部
発行所	財団法人 防衛技術協会

　　　　　東京都文京区本郷3丁目23-14　ショウエイビル9F（〒113-0033）
　　　　　電　話　03-5941-7620
　　　　　FAX　03-5941-7651
　　　　　URL　http://www.defense-tech.or.jp
　　　　　E-mail　journal@defense-tech.or.jp

印刷・製本　ヨシダ印刷株式会社

定価はカバーに表示してあります　　　　　　　　ⓒ2008 ㈶防衛技術協会
ISBN 978-4-9900298-6-9